実践的技術者のための
電気電子系教科書シリーズ

# 電気電子計測

金澤 誠司
岡 茂八郎 共著
佐藤 拓

理工図書

## 発刊に寄せて

　人類はこれまで狩猟時代，農耕時代を経て工業化社会，情報化社会を形成し，その時代時代で新たな考えを導き，それを具現化して社会を発展させてきました。中でも，18世紀中頃から19世紀初頭にかけての第1次産業革命と呼ばれる時代は，工業化社会の幕開けの時代でもあり，蒸気機関が発明され，それまでの人力や家畜の力，水力，風力に代わる動力源として，紡績産業や交通機関等に利用され，生産性・輸送力を飛躍的に高めました。第2次産業革命は，20世紀初頭に始まり，電力を活用して労働集約型の大量生産技術を発展させました。1970年代に始まった第3次産業革命では電子技術やコンピュータの導入により生産工程の自動化や情報通信産業を大きく発展させました。近年は，第4次産業革命時代とも呼ばれており，インターネットであらゆるモノを繋ぐIoT（Internet of Things）技術と人工知能（AI: Artificial Intelligence）の本格的な導入によって，生産・供給システムの自動化，効率化を飛躍的に高めようとしています。また，これらの技術やロボティクスの活用は，過去にどこの国も経験したことがない超少子高齢化社会を迎える日本の労働力不足を補うものとしても大きな期待が寄せられています。

　このように，工業の技術革新はめざましく，また，その速さも年々加速しています。それに伴い，教育機関にも，これまでにも増して実践的かつ創造性豊かな技術者を育成することが望まれています。また，これからの技術者は，単に深い専門的知識を持っているだけでなく，広い視野で俯瞰的に物事を見ることができ，新たな発想で新しいものを生みだしていく力も必要になってきています。そのような力は，受動的な学習経験では身に付けることは難しく，アクティブラーニング等を活用した学習を通して，自ら課題を発見し解決に向けて主体的に取り組むことで身につくものと考えます。

　本シリーズは，こうした時代の要請に対応できる電気電子系技術者育成のための教科書として企画しました。全23巻からなり，電気電子の基礎理論をしっ

かり身に付け，それをベースに実社会で使われている技術に適用でき，また，新たな開発ができる人材育成に役立つような編成としています。

　編集においては，基本事項を丁寧に説明し，読者にとって分かりやすい教科書とすること，実社会で使われている技術へ円滑に橋渡しできるよう最新の技術にも触れること，高等専門学校（高専）で実施しているモデルコアカリキュラムも考慮すること，アクティブラーニング等を意識し，例題，演習を多く取り入れ，読者が自学自習できるよう配慮すること，また，実験室で事象が確認できる例題，演習やものづくりができる例題，演習なども可能なら取り入れることを基本方針としています。

　また，日本の産業の発展のためには，農林水産業と工業の連携も非常に重要になってきています。そのため，本シリーズには「工業技術者のための農学概論」も含めています。本シリーズは電気電子系の分野を学ぶ人を対象としていますが，この農学概論は，どの分野を目指す人であっても学べるように配慮しています。将来は，林業や水産業と工学の関わり，医療や福祉の分野と電気電子の関わりについてもシリーズに加えていければと考えています。

　本シリーズが，高専，大学の学生，企業の若手技術者など，これからの時代を担う人に有益な教科書として，広くご活用いただければ幸いです。

2016 年 9 月　　　　　　　　　　　　　　　　　　　　　　　　編集委員会

# 実践的技術者のための電気・電子系教科書シリーズ
## 編集委員会

〔委員長〕柴田尚志　一関工業高等専門学校校長
　　　　　　博士(工学)（東京工業大学）
　　　1975 年　茨城大学工学部電気工学科卒業
　　　1975 年　茨城工業高等専門学校（助手，助教授，教授を経て）
　　　2012 年　一関工業高等専門学校校長　現在に至る
　著書　電気基礎（コロナ社，共著），電磁気学（コロナ社，共著），電気回路 I（コロナ社），身近な電気・節電の知識（オーム社，共著），例題と演習で学ぶ電磁気学（森北出版），エンジニアリングデザイン入門（理工図書，共著）

〔委員〕（五十音順）

**青木宏之**　東京工業高等専門学校教授（現職）
　　　　　　（学位，博士(工学)（東京工業大学）
　　　1980 年　山梨大学大学院工学研究科電気工学専攻修了
　　　1980 年　(株)東芝，日本語ワープロの設計・開発に従事
　　　1991 年　東京工業高等専門学校（講師，助教授を経て）
　　　2001 年　東京工業高等専門学校教授　現在に至る
　著書　Complex-Valued Neural Networks Theories and Applications（World Scientific，共著）

**高木浩一**　岩手大学理工学部教授
　　　　　　博士(工学)（熊本大学）
　　　1988 年　熊本大学大学院工学研究科博士前期課程修了
　　　1989 年　大分工業高等専門学校（助手，講師）
　　　1996 年　岩手大学助手，助教授，准教授，教授　現在に至る
　著書　高電圧パルスパワー工学（オーム社，共著），大学一年生のための電気数学（森北出版，共著），放電プラズマ工学（オーム社，共著），できる！電気回路演習（森北出版，共著），電気回路教室（森北出版，共著），はじめてのエネルギー環境教育（エネルギーフォーラム，共著）など

**高橋　徹**　大分工業高等専門学校教授
　　　　　　博士(工学)（九州工業大学）
　　　1986 年　九州工業大学大学院修士課程電子工学専攻修了
　　　1986 年　大分工業高等専門学校（助手，講師，助教授を経て）
　　　2000 年　大分工業高等専門学校教授　現在に至る
　著書　大学一年生のための電気数学（森北出版，共著），できる！電気回路演習（森北出版，共著），電気回路教室（森北出版，共著），
　編集　宇宙へつなぐ活動教材集（JAXA 宇宙教育センター）

**田中秀和** 大同大学教授
　　　　博士(工学)（名古屋工業大学），技術士（情報工学部門）
　　　1973 年　名古屋工業大学工学部電子工学科卒業
　　　1973 年　川崎重工業（株）ほかに従事し，
　　　1991 年　豊田工業高等専門学校（助教授，教授）
　　　2004 年　大同大学教授（2016 年からは特任教授）
著書　QuickC トレーニングマニュアル（JICC 出版局），C 言語によるプログラム設計法（総合電子出版社），C++によるプログラム設計法（総合電子出版社），C 言語演習（啓学出版，共著），技術者倫理—法と倫理のガイドライン（丸善，共著），技術士の倫理　（改訂新版）（日本技術士会，共著），実務に役立つ技術倫理（オーム社，共著），技術者倫理　日本の事例と考察（丸善出版，共著）

**所　哲郎** 岐阜工業高等専門学校教授
　　　　博士(工学)（豊橋技術科学大学）
　　　1982 年　豊橋技術科学大学大学院修士課程修了
　　　1982 年　岐阜工業高等専門学校（助手，講師，助教授を経て）
　　　2001 年　岐阜工業高等専門学校教授 現在に至る
著書　学生のための初めて学ぶ基礎材料学（日刊工業新聞社，共著）

所属は 2016 年 11 月時点で記載

## まえがき

　電気電子系の学問は，長い歴史のなかでおよそ体系化されたものとなっていますが，科学技術の発展にしたがってその領域はますます拡大しています。一例として，電気自動車，ドローン，スマートフォンやスマートスピーカーなどのIoT機器から今後のAIから生み出される未来のモノ，完全自動運転化された車から空飛ぶ車や電気飛行機の実現などがあります。その基礎は電気磁気学や電気回路・電子回路，電気電子計測，電気機器，通信や制御，情報処理などの電気電子系における履修科目にあります。その一方で家電製品をはじめとする各種機器の中身はますますブラックボックス化し，基幹技術としての電気電子の役割が見えなくなっているのも事実です。

　電気電子計測は，それらの開発において重要な役割を果たす分野であり，計測技術だけでも多くの先進的要素を含んでいます。そのことは本書の解説のなかでも計測に関連する技術が，幾多のノーベル賞に輝く発見や発明が関与していることからもわかるかと思います。現在の先端計測は，測定法をもとにしたセンシングとその結果得られる電気信号の高度な処理技術との両輪からなるものが多く，そのレベルは非常に高いといえます。しかし，その基盤となる部分は，基礎的な事項に負うところが多いと考えられます。本書では，時代の流れに即して，電気電子計測の主に基礎を学ぶ上で必要となることを網羅的に記述するとともに，これらから学びの形態である主体性を育むために例題や演習問題さらにはアクティブラーニングの設定などにも配慮しました。

　計測は座学としての学びだけでなく，電気電子系の実験を通して理解を深めることが重要です。実際に測定機器に触れて，いわゆる体得することが，深い理解とゆるぎない自信につながるものになるはずです。

　計測において単位系の歴史を知り，いま使っている単位の定義を理解することは必須です。今回の執筆において，2019年はSI単位系における大改革がなされる節目の年となりました。およそ130年間続いた「キログラム原器」がそ

の役目を終えて，新たにプランク定数にもとづく定義に変わります．本書ではいち早くその改定にも言及して，新SIについても解説を加えました．

　電気電子系を学ぶ皆さんが，本書で計測の基礎を理解し，応用の一端に触れて，そこから計測のさらなる世界を主体的に学ばれることを望みます．

　最後に本書を執筆するに当たり，理工図書株式会社の谷内宏之氏には大変お世話になりました．ここに記して深く感謝いたします．

2019年3月　　　　　　　　　　　　　　著者を代表して　金澤誠司

# 目　次

## 1章　計測の基礎 …………………………………………… 1

1.1　計測意義と目的 ……………………………………………… 1
1.2　現代の計測 …………………………………………………… 3
　1.2.1　スマートフォンは計測機器？ ………………………… 3
　1.2.2　自動車の自動運転のための計測 ……………………… 4
1.3　将来の計測とそれを可能とする基礎から応用までの学修 ……… 6
1.4　測定法の分類 ………………………………………………… 6
　1.4.1　直接測定と間接測定 …………………………………… 6
　1.4.2　偏位法と零位法，補償法，置換法 …………………… 7
演習問題 …………………………………………………………… 8

## 2章　誤差から不確かさと統計処理 ……………………… 11

2.1　誤差と測定の不確かさ ……………………………………… 11
2.2　統計処理 ……………………………………………………… 13
2.3　有効数字 ……………………………………………………… 16
2.4　最確値の求め方 ……………………………………………… 17
　2.4.1　最小二乗法 ……………………………………………… 17
　2.4.2　補間法 …………………………………………………… 18
演習問題 …………………………………………………………… 20

## 3章 単位系と標準 …… 23

3.1 国際単位系（SI） …… 23
3.2 量子標準 …… 26
   3.2.1 ジョセフソン電圧標準 …… 27
   3.2.2 量子ホール効果抵抗標準 …… 28
3.3 SI から新 SI（改定 SI）へ …… 29
3.4 トレーサビリティ …… 32
演習問題 …… 33

## 4章 電気信号の処理 …… 39

4.1 演算増幅器（オペアンプ）と応用回路 …… 39
   4.1.1 一般的な演算増幅器 …… 40
   4.1.2 理想演算増幅器 …… 41
   4.1.3 演算増幅器を用いた機能回路 …… 42
4.2 アナログ信号とディジタル信号の相互変換技術 …… 46
   4.2.1 標本化，量子化，ナイキストの標本化定理 …… 47
   4.2.2 AD 変換器 …… 50
   4.2.3 DA 変換器 …… 52
演習問題 …… 55

## 5章 電圧と電流の測定 …… 63

5.1 指示計器 …… 63
   5.1.1 可動コイル形計器 …… 63
   5.1.2 可動鉄片形計器 …… 67

5.1.3 整流形計器 …………………………………………… 68
5.1.4 電流力計形計器 ………………………………………… 69
5.1.5 熱電形計器 …………………………………………… 69
5.1.6 静電形計器 …………………………………………… 70
5.2 電位差計 ………………………………………………… 71
5.3 ディジタル計器 ………………………………………… 72
演習問題 ……………………………………………………… 73

# 6章　電力と電力量の測定 …………………………………… 77

6.1 電力の計測 ……………………………………………… 77
　6.1.1 直流回路での電力測定 ………………………………… 77
　6.1.2 交流回路での電力測定 ………………………………… 78
　6.1.3 単相電力の測定（電流力計形計器による電力測定）……… 80
　6.1.4 三相電力の測定 ………………………………………… 81
6.2 電力量の計測 …………………………………………… 83
　6.2.1 誘導形電力量計 ………………………………………… 83
　6.2.2 電子式電力量計 ………………………………………… 84
　6.2.3 スマートメーター（smart meter）…………………… 86
演習問題 ……………………………………………………… 87

# 7章　抵抗とインピーダンスの測定 ………………………… 91

7.1 抵抗計の分類 …………………………………………… 91
7.2 中抵抗の測定 …………………………………………… 91
　7.2.1 電圧降下法 …………………………………………… 92
　7.2.2 抵抗計 ………………………………………………… 94

7.2.3 ホイートストンブリッジ ……………………………………… 95
7.3 低抵抗の測定 ……………………………………………………… 98
　7.3.1 四端子法 ………………………………………………………… 98
　7.3.2 ケルビンダブルブリッジ（接地抵抗計）…………………… 99
7.4 高抵抗の測定 ……………………………………………………… 100
　7.4.1 絶縁抵抗の測定 ………………………………………………… 100
　7.4.2 板状絶縁物の抵抗測定 ………………………………………… 100
7.5 インピーダンスの測定 …………………………………………… 101
　7.5.1 交流ブリッジ …………………………………………………… 102
　7.5.2 交流ブリッジの平衡条件 ……………………………………… 102
　7.5.3 交流ブリッジの種類 …………………………………………… 103
　7.5.4 インダクタンス $L$ の測定 ……………………………………… 105
　7.5.5 キャパシタンス $C$ の測定 ……………………………………… 106
　7.5.6 その他のブリッジ ……………………………………………… 108
　7.5.7 Q メータ ………………………………………………………… 111
　7.5.8 LCR メータ ……………………………………………………… 113
演習問題 ………………………………………………………………… 114

# 8章　磁気測定 ……………………………………………………… 119

8.1 磁界の測定 ………………………………………………………… 120
　8.1.1 探りコイルを用いた磁界の測定 ……………………………… 120
　8.1.2 ホール効果を用いた磁界の測定 ……………………………… 120
8.2 磁性材料の磁気特性の測定 ……………………………………… 122
　8.2.1 環状試料のアナログ的手法による交流磁気特性の測定 …… 123
　8.2.2 環状試料のディジタル的手法による交流磁気特性の測定 … 125
8.3 電磁鋼板の鉄損の測定 …………………………………………… 127

    8.3.1 鉄損の算出 ……………………………………… 127
    8.3.2 エプスタイン法（JIS C 2550）………………… 127
    8.3.3 単板磁気特性試験法（JIS C 2556）…………… 129
    8.3.4 二次元ベクトル磁気特性 ……………………… 130
  8.4 各種の磁気センサ …………………………………… 133
    8.4.1 MR 型磁気センサ ……………………………… 133
    8.4.2 MI 型磁気センサ ……………………………… 134
  演習問題 …………………………………………………… 136

# 9章　波形と周波数の測定 ……………………………… 141

  9.1 オシロスコープ ……………………………………… 141
    9.1.1 アナログオシロスコープ ……………………… 142
    9.1.2 ディジタルオシロスコープ …………………… 143
    9.1.3 プローブの種類 ………………………………… 144
  9.2 位相測定 ……………………………………………… 145
    9.2.1 オシロスコープを用いた位相測定 …………… 145
    9.2.2 電子式位相計 …………………………………… 147
    9.2.3 3 電圧計法や 3 電流計法による位相測定 …… 148
  9.3 信号発生器と周波数の測定 ………………………… 148
    9.3.1 信号発生器 ……………………………………… 148
    9.3.2 周波数の測定 …………………………………… 150
  9.4 波形の記録 …………………………………………… 151
    9.4.1 記録計 …………………………………………… 151
    9.4.2 データロガー …………………………………… 152
  9.5 信号成分の解析 ……………………………………… 152
    9.5.1 ロジックアナライザ …………………………… 152

  9.5.2　スペクトラムアナライザ ……………………………………152
 演習問題 ……………………………………………………………154

# 10章　マイクロ波の測定　……………………………………… 157

 10.1　マイクロ波の特徴 ………………………………………………157
  10.1.1　分布定数線路 …………………………………………158
  10.1.2　入射波および反射波 …………………………………158
  10.1.3　Sパラメータ …………………………………………162
 10.2　マイクロ波のインピーダンス測定 ……………………………163
 10.3　マイクロ波電力の測定 …………………………………………165
  10.3.1　C-M形電力計 …………………………………………165
  10.3.2　整流形電力計 …………………………………………165
  10.3.3　ボロメータ ……………………………………………166
  10.3.4　カロリメータ …………………………………………167
 10.4　ネットワークアナライザ ………………………………………168
 演習問題 ……………………………………………………………169

# 11章　電気電子応用計測1　…………………………………… 173

 11.1　温度計測 …………………………………………………………173
 11.2　光計測 ……………………………………………………………177
 11.3　時間の測定 ………………………………………………………180
 11.4　気体・ガスの測定 ………………………………………………182
  11.4.1　半導体ガスセンサ ……………………………………182
  11.4.2　酸素濃度計・酸素センサ ……………………………183
 演習問題 ……………………………………………………………184

## 12章　電気電子応用計測2 ……… 187

　12.1　信号と雑音 ……… 187
　　12.1.1　内部雑音 ……… 188
　　12.1.2　外部雑音 ……… 189
　12.2　SN比と雑音指数 $F$ ……… 190
　　12.2.1　SN比 ……… 190
　　12.2.2　雑音指数 $F$ ……… 191
　12.3　雑音の低減 ……… 193
　　12.3.1　フィルタ ……… 193
　　12.3.2　シールド ……… 194
　12.4　センサ ……… 195
　12.5　医療計測 ……… 196
　　12.5.1　内視鏡 ……… 196
　　12.5.2　エコー ……… 198
　　12.5.3　CTスキャン ……… 199
　　12.5.4　MRI ……… 200
　演習問題 ……… 202

索　引 ……… 207

# 1章　計測の基礎

　計測とは,「種々の器械を使って,長さ・重さ・容積などをはかること」(広辞苑)と説明されている。もう少し詳しく言えば,「ある物理量を正確に測定し,それが基準(その量を単位という)の何倍であるか,あるいは何分の1であるかを求めて,数量化すること」である。一方,測定は,「はかり定めること。ある量の大きさを,装置・器械を用い,ある単位を基準として直接はかること。また,理論を媒介として間接的に決定すること」(広辞苑)と説明されている。どちらも測る(計る)ことであり,英語ではmeasurementである。日本工業規格(JIS Z 8103)の定義では,測定が「ある量を,基準として用いる量と比較し数値又は符号を用いて表すこと」であり,計測は「特定の目的をもって,事物を量的にとらえるための方法・手段を考究し,実施し,その結果を用い所期の目的を達成させること」とある。工学用語としての計測には,測る道具の製作,すなわち,計測機器の開発も含み,より広い意味を表している。

　本章では,計測の意義や目的,計測法について学ぶ。

## 1.1　計測意義と目的

　計測することの代表例のひとつに時(時間)がある。その実例をここでは紹介しよう[1]。ある鄙びた海辺の村での出来事である。この村では丘の上の基地の砲台で,毎日正午に号砲が鳴り,村人たちはそれで時間を合わせるのが習慣になっていた。あるとき,一人の少年が疑問を抱いた。「あの大砲はどうやって毎日正午だとわかって,号砲を鳴らすのだろうか?」。そこで少年はその現場に行って,砲兵に尋ねた。「どうやって毎日ちょうど正午に号砲を鳴らしているのですか?」。砲兵は「隊長の命令だよ。隊長は正確な時計を持っているからね。

そしてその時計の時刻を管理することも，隊長の仕事なのだ」と答えた。それを聞いた少年は隊長のところへ行き，正確に時を刻む時計を見せてもらい，さらに尋ねた。「隊長さんの時計はどうやって合わせるのですか？」，隊長は答えた。「週に一度町に散歩するときに町の時計屋の立派な古い大時計で合わせているのだ。町の人たちも，この時計で合わせているからね」。次の日，少年は町の時計屋を訪れて，店主に尋ねた。「大時計はどうやって合わせているのですか？」すると店主はこう答えた。「正午の号砲で合わせるのさ！」このようにして図 1–1 に示すような恣意的な循環系ができあがった。

さて，考えてみてほしい。ここでは「正午の号砲」が計測基準となっている。もしも時計屋の店主が時計のネジを巻くのを忘れて時計が止まっていたら，どうなるだろうか。1 時間止まった，としよう。そのときに隊長が時計を合わせたら，正午の号砲は午後 1 時に鳴り，村人たちはいつもより遅い昼食をとることになる。誰かが，太陽を見上げて，「どうもおかしいな？」と気付いたとき，正午の号砲の計測基準は崩れていることになる。

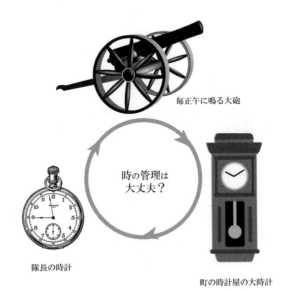

図 1–1　恣意的な計測基準によるある村の時の管理

さらに正確な時を知る手段である隊長の時計の精度が悪いと，どうなるだろうか。町の時計屋の大時計が正確であっても，隊長の時計が1時間に1秒だけ遅れるとすると，5日後には2分遅れることになる。隊長ご自慢の時計をいただいたとして，今私たちが使うと電車にも乗り遅れることになるかもしれない。計測器（ここでは時計）の精度が重要であることがわかる。

同様の話は，他にもある。19世紀の初期，イギリスのグリニッジ天文台では，そこの屋根に「報時球（time ball）」なる球を設置し，午後1時になると球を落下させてロンドン港を行き交う船に時刻を知らせるサービスを提供していた。航行する船にとって，位置を正確に割り出すのに，時計が重要だったためである。現在では，世界中どこにいても **GPS**（global positioning system：全地球測位システム）を利用することにより瞬時に，しかも正確に位置を知ることができる。

ところで，現代でも太陽をはじめとする天体の動きとわれわれの時間との間にはズレが生じることがある。

「うるう秒」として数年に1秒だけ，余分に時を入れていることをご存じだろうか。そしてこの1秒という単位の精度は，物理現象に基づく普遍的な基準によっている。

## 1.2 現代の計測

### 1.2.1 スマートフォンは計測機器？

今やスマートフォン（smartphone，スマホ）は，世界中で年間10億台以上が出荷されている。スマートフォン（**図 1–2**）は，スマート（賢い）という名の通り，電話器としての機能以外に，パソコンと同じようにインターネットに接続してウェブサイトを閲覧したり，ゲームや音楽で楽しんだり，動画を視聴したり，さまざまな使い方ができる多機能な携帯電話である。そのため，スマートフォンには計測に関連するセンサをはじめ，電気電子工学が関与する多くの技術が集積されている。**表 1–1** はスマートフォンに搭載されているセンサを示す。

図 1–2　スマートフォンは手のひらサイズのコンピュータ

表 1–1　スマートフォンに搭載されているセンサや素子

| センサや素子の種類 | 機能 |
| --- | --- |
| 生体認証センサ | 指紋・虹彩・顔などで個人を識別する |
| 近接センサ（赤外線センサ） | 通話中に顔の接近を感知（画面を消す） |
| 照度センサ | 明るさの感知 |
| ジャイロ＋加速度センサ | 歩数計や 3D ゲームに使用 |
| 圧力センサ | 気圧を測る（相対的な高度変化を算出） |
| 磁気センサ（電子コンパス） | 地磁気の検知，方位（道案内） |
| GPS（全地球測位システム） | 現在地の特定 |
| バイブレータ | 電話やメールの着信を振動で知らせる |
| アンテナ | 電波の送受信 |
| LED ライト | 周囲の照明 |
| マイク | 音の入力，雑音処理（ノイズキャンセル） |
| スピーカー | 音の出力 |
| カメラ | 写真や動画の撮影，内部にイメージセンサ |

### 1.2.2　自動車の自動運転のための計測

現代は，**AI**（artificial intelligence：人工知能）や **IoT**（Internet of Things：モノのインターネット）による第 4 次産業革命の時代に突入したとも言われている．自動車には自動運転の技術の導入が進んでいる．自動運転には開発に応

じたレベルがあるが，最終のレベル5では，完全自動走行システムとなる．加速・操舵・制御をすべてドライバー以外が行い，ドライバーがまったく運転に関与しない状態となる．自動運転車に搭載されるシステムや各種センサを図1-3に示す．その機能を表1-2に示す．車の運転は，認知，判断，操作の手順で行われる．自動運転では情報の収集，その認識と分析，そして行動決定が，多種多様なセンサやシステムを組み合わせた車載コンピュータにより行われる．

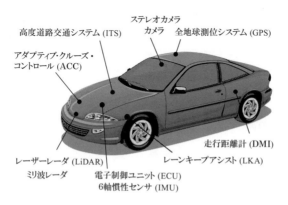

図1-3　自動運転車の基本的なしくみ

表1-2　自動運転車に搭載されているシステムやセンサ

| システムやセンサの種類 | 機能 |
| --- | --- |
| 電子制御ユニット（ECU） | 車載コンピュータ |
| アダプティブ・クルーズ・コントロール（ACC） | 定速走行，車間距離維持 |
| 全地球測位システム（GPS） | 自車位置の特定 |
| 走行距離計（DMI） | タイヤの回転数を計測して進んだ距離を計測 |
| 6軸慣性センサ（IMU） | クルマの挙動を検知 |
| 高度道路交通システム（ITS） | 道路インフラや周囲のクルマとの情報通信，自動料金支払い（ETC） |
| カメラ，ステレオカメラ | 歩行者の検知，車両，建築物，道路などの識別危険回避・予知 |
| ミリ波レーダ | 遠方車両の距離検知 |
| レーザーレーダ（LiDAR） | 夜間の歩行者，路上落下物，道路段差などの距離検知 |

## 1.3 将来の計測とそれを可能とする基礎から応用までの学修

　日本では今，超スマート社会（Society 5.0）の構築が提唱されている。イノベーションによって新たな未来社会を目指すものであるが，電気自動車（EV）による自動運転はその代表例である。その他にも IoT ですべての人とモノがつながり，さまざまな知識や情報が共有され，今までにない新たな価値を生み出すことで，人々が直面する課題や困難を克服しようと考えられている。また，AI により，必要な情報が必要な時に提供されるようになり，ロボット，自動運転車やドローンなどの技術で，少子高齢化，地方の過疎化，貧富の格差などの課題解決が期待されている。その基盤として革新的な計測技術が必要となる。

## 1.4 測定法の分類

### 1.4.1 直接測定と間接測定

　測定には**直接測定**（direct measurement）と**間接測定**（indirect measurement）がある。測定すべき量と基準量を計測器によって直接比較して，測定量を得る方法を直接測定という。対象となる量をそれと一定の関係を持つ複数の測定量から，計算によって測定量を得る方法を間接測定という。たとえば，図 1–4 の回路において，抵抗 $R$ の両端の電圧を電圧計の指示値を読んで求めることや，抵抗を流れる電流を電流計の指示値を読んで求める方法は直接測定である。一方，電圧計の電圧値 $V$ と電流計の電流値 $I$ より

$$R = V/I \tag{1.1}$$

の計算から抵抗を求める方法が間接測定である。

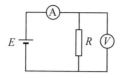

図 1-4　直接測定と間接測定による測定例（メーターの読みによる電圧と電流の測定と計算による抵抗の測定）

### 1.4.2　偏位法と零位法，補償法，置換法

電圧計や電流計などの指示計器（メーター）の針の振れから指示値を読む測定法を**偏位法**（deflection method）という．一方，**図 1-5** に示す**ホイートストンブリッジ**（Wheatstone bridge）による電気抵抗 $R_x$ の測定では，検流計の指針の振れを 0（ゼロ）とすることで平衡条件が成り立ち，未知の抵抗 $R_x$ は

$$R_x = \frac{R_1}{R_2} R_s \tag{1.2}$$

より求められる．ここで，$R_1$ と $R_2$ の辺は比例辺となり，$R_s$ は可変抵抗辺であり，$R_s$ の抵抗値を調整することでブリッジを平衡させる．測定器の指示値を 0（ゼロ）とする測定法を**零位法**（zero method，null method）という．零位法は偏位法より高感度な測定が行える．また測定環境（温度や湿度など）の変動の影響を受けにくい特徴がある．

偏位法と零位法を組み合わせて，測定感度と測定範囲を高める測定法に**補償法**（compensation method）がある．たとえば，高い周波数の測定において混合器を使って標準周波数から測定周波数を引き，その差の周波数を測定する方法がある．測定量と基準量を同一の測定器で測定し，その 2 つの値を比較して測定量を得る計測法を**置換法**（substitution method）という．たとえば，精密機械工場において，製品となる機械部品と標準のブロックゲージを同じマイクロメータで測る．その結果の比較で精度を検定しながら，製品を仕上げるようなことに，この方法は利用されている．

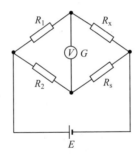

図 1-5　零位法による測定例（ホイートストンブリッジによる未知抵抗の測定）

## 演習問題

(1) 本文中にある船の航行において，ロンドンで正午 12 時に西に向かって船を出し，数日間航海して，太陽が真上にあるとき時計が 1 時を指していた。船の経度を求めなさい。

(2) 次の測定の測定法を分類しなさい。
　1) 物差しで長さを測る
　2) 体重計で体重を量る（月面で量る場合は？）
　3) 長方形の各辺の長さから面積を求める
　4) 周波数の測定において混合器を使って標準周波数との差を測定して，未知の測定周波数を求める

## 実習；Let's active learning!

(1) いろいろな時計の歴史，原理，精度について調べてみよう。日時計，水時計，砂時計，振り子時計，機械式時計，クォーツ時計，電波時計，GPS 時計，原子時計，光格子時計

(2) われわれの身の周りにある計測器をあげなさい。

(3) 自動車を電子制御するカーエレクトロニクスについて調べてみよう。

## 演習解答

(1) ロンドンの経度は0度であり，時差が1時間あるので，船の経度は西経15度
(2) 1) 直接測定，偏位法，2) 直接測定，偏位法（月の重力は地球の重力の1/6なので体重計の指示は1/6になる。天秤で量れば地球での値と同じ），3) 間接測定，4) 補償法

## 引用・参考文献

1) ロバート・P・クリース：世界でもっとも正確な長さと重さの物語，（吉田三知世訳），日経BP社，2014.
2) ニュートンプレス：Newton，2015年4月号，2015.
3) 新誠一：図解　カーエレクトロニクス最前線—ロボット化するハイテク自動車—，工業調査会，2006.
4) 信太克規：応用電気電子計測，数理工学社，2013.
5) 大浦宣徳，関根松夫：電気・電子計測，昭晃堂，1992.

# 2章　誤差から不確かさと統計処理

　計測を行うとき，自分が求めた値がどこまで正しいのかを考察することはきわめて重要である。

　ここでは，まず最初に「誤差」と呼ばれる，これまでの計測の教科書で一般に使用され，馴染みのある用語を用いた。しかし，現在では，「誤差」という用語より測定の「不確かさ」という用語の方が，国際的に使用が推奨されている。ここでは2つの用語の意味の違いを説明し，それらを統計的に扱うことを学ぶ。

## 2.1　誤差と測定の不確かさ

　誤差とは計測や計算によって得られた値と真の値，または理論値との差である。一般に，計測により得られた「計測値（measured value）」には「誤差（error）」が含まれ，「真の値（true value）」とは次のような関係になる。

$$誤差 = 計測値 - 真の値 \tag{2.1}$$

しかし，「真の値（または真値）」は存在すると仮定できるが，その値を知ることは不可能である。したがって，「誤差」の値を求めることはできず，その大きさを推定できるだけである。表2–1に誤差の分類を示す。それらの関係を図2–1に示す。また，「誤差」に双対な概念として，計測の誤差の少なさを表す用語が「精度」である。表2–2に計測の質に関係する用語とその意味を示す。

　実社会において，製品の規格や基準，品質や安全性を担保する計測のためには，計測の信頼性が要求される。そのため「誤差」は実社会では曖昧であり，認知されにくい側面がある。そこで，式(2.1)の「誤差」に代わり，1993年に国際度量衡委員会が「計測における不確かさの表現のガイド（guide to the

表 2–1　誤差の分類

| 誤差の種類 | 誤差の現れ方 | 主な原因 |
|---|---|---|
| 系統誤差 | 測定値のかたよりの原因となる誤差 | 計測器の性能<br>計測者の癖 |
| 偶然誤差 | 測定値のばらつきの原因となる誤差 | 熱雑音，量子雑音 |

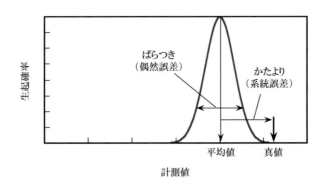

図 2–1　計測値の分布（真値，平均値，ばらつき，かたよりの関係）

表 2–2　測定値の質に関する用語

| 用語 | 意味 | 補足説明 |
|---|---|---|
| 精密さ | 測定値のばらつきの小ささ（「高精度」ともいう） | 普通，標準偏差で表す |
| 正確さ | 測定値のかたよりの小ささ（「高確度」ともいう） | 平均値と真値との差 ($\bar{x} - x$) が小さいこと<br>（真の値（基準値）と測定値の差が小さいこと） |
| 精度 | "精密さ"と"正確さ"の両方から評価した測定値の良さ | 一連の個々の測定値における許容できる程度を示す |
| 感度 | 計測できる最小量 | 分解能と言われることもある |
| 分解能 | 計測器が2つの値を区別することができる最小量 | 装置などで対象を測定または識別できる能力 |
| 再現性 | 同じ測定値をある範囲内で再現できること | 範囲内を標準偏差とすれば，約68％の頻度で標準偏差の範囲に入ることになる |

expression of uncertainty in measurement)」を発行し，計測の信頼性を示すパラメータとして「不確かさ（uncertainty）」が定義された．現在では，「不確かさ」という用語が「誤差」に代わって国際的に使用が推奨されている．

## 2.2 統計処理

ここからは，「誤差」や「不確かさ」を統計的な手法により取り扱うことにしよう．

計測の精度を高めるために $n$ 回の測定を行ったとすると，それは統計学では図 2–2 に示すように母集団（population）から標本（sample）をひとつずつ抽出してくることに相当する．今，$n$ 回の測定で測定値 $x_i (i=1 \sim n)$ の平均値 $\bar{x}$ は，

$$\bar{x} = \frac{x_1 + x_2 + \cdots + x_n}{n} \tag{2.2}$$

であり，測定値のばらつきを表す**標準偏差**（standard deviation）$S$ は

$$S = \sqrt{\frac{1}{n} \sum_{i=1}^{n} (x_i - \bar{x})^2} \tag{2.3}$$

である．ここで $\bar{x}$ は**標本平均**（sample mean），$S$ は**標本標準偏差**（sample standard deviation），$S^2$ を**標本分散**（sample variance）と呼ぶ．一方，母集団は無限個からなるため，母集団の平均値 $\mu$ および標準偏差 $\sigma$ は，測定回数 $n$ が無限大になったときの $\bar{x}$ と $S$ の値であり，$\mu$ を**母平均**，$\sigma$ を**母標準偏差**，$\sigma^2$ を

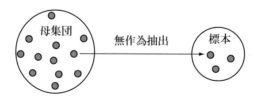

図 2–2　母集団から標本を抽出

母分散と呼ぶ。測定回数 $n$ が有限の場合には，母平均 $\mu$ は

$$\mu \leftarrow \bar{x} \tag{2.4}$$

として推定できるが，母標準偏差 $\sigma$ は式（2.3）に代わり

$$\sigma = \sqrt{\frac{1}{n-1} \sum_{i=1}^{n} (x_i - \bar{x})^2} \tag{2.5}$$

を用いる。これは $n$ 回の測定値を母集団としたときの標準偏差は $S$ で与えられるが，無限個の測定に対する母集団での標準偏差は，少し大きく見積もる必要があるためである。

　母集団から標本を抽出する場合には，偶然誤差によるばらつきのために得られる値には分布が生じる。標本の数が増えると，次のような式で表される**正規分布**（normal distribution）となる。

$$p(x) = \frac{1}{\sqrt{2\pi}\sigma} \exp\left\{-\frac{(x-\mu)^2}{2\sigma^2}\right\} \tag{2.6}$$

この正規分布は**図 2–3** のようになり，平均値 $\mu$ から $\pm\sigma$ の範囲に計測値（測定値）が入る確率は 68.3%，$\mu \pm 2\sigma$ の間に入る確率は 95.4%，$\mu \pm 3\sigma$ の間に

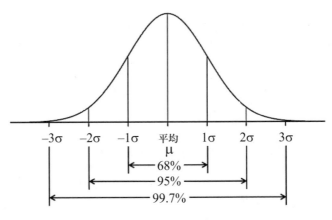

図 2–3　正規分布

入る確率は 99.7% である．また，全体の積分値は 1 である．一般によく管理されている測定では，測定値がほとんどの場合で正規分布する．

現実の計測では，測定を繰り返しても有限回であり，得られた計測値をもとに検討していかなければならない．そこで国際的に共通した標準的な手法として「**標準不確かさ**（standard measurement uncertainty）」という概念が導入された．$n$ 回の測定で測定値 $x_i (i = 1 \sim n)$ が得られ，その平均値 $\bar{x}$ とすると，

$$u \equiv \sigma = \sqrt{\frac{1}{n-1} \sum_{i=1}^{n} (x_i - \bar{x})^2} \tag{2.7}$$

を標準不確かさと定義し，慣例的に $u$ を用いて表記する．標準不確かさは母標準偏差である．

不確かさの要因は，繰り返し測定による値のばらつきの他にも測定器の問題（目盛の校正，分解能，直線性，経年変化など）や測定環境（気圧，温度，湿度，雑音など）などさまざまな要因が影響する．そこで，これらの要因が独立して測定値の不確かさに寄与すると考えれば，次の「**合成標準不確かさ**（combined standard uncertainty）」が定義できる．

$$u_c = \sqrt{\sum_{i=1}^{N} (c_i u_i)^2} \tag{2.8}$$

ここで $c_i$ は感度係数であり，単位の異なる量どうしの不確かさを合成するときに用いる係数である．たとえば，ある棒の長さをノギスで測定するときに，読みのばらつきによる不確かさ $u_1$，スケールの不確かさ $u_2$，棒の熱膨張による不確かさ $u_3$ が影響していれば，これらを合成して不確かさを求めることになる．

不確かさは，曖昧さを含む誤差よりも有用であるといえる．そこで合成標準不確かさ $u_c$ と 1 より大きい定数 $k$ を用いれば，その測定値が入る範囲を規定できる．そのために次式の「**拡張不確かさ**（expanded measurement uncertainty）」を定義する．

$$U = k u_c \tag{2.9}$$

ここで $k$ は**包含係数**(coverage factor)と呼ばれ,測定値が正規分布する場合には $k=2$ とすれば,その範囲内には 95%の確率で測定結果が存在すると推定される.すなわち,これは 20 回測定すれば 19 回はその範囲内に測定値が入っていることになる.このような取り扱いを「不確かさ解析」といい,「拡張不確かさ」で指定される測定値の存在する範囲を「**信頼区間**」という.

## 2.3 有効数字

測定値や計算値で意味ある数字を**有効数字**(significant figure)という.たとえば電圧の測定値が有効数字 3 桁で,12.7 V であるとき,これは 12.6 V でも 12.8 V でもないことを表わす.測定値は 12.6 V と 12.8 V の間にあることを意味し,最下位の 7 には誤差が含まれている.測定値が 12.70 V であれば,有効数字 4 桁となり,最下位の 0 に誤差が含まれていることになる.

有効数字の桁数が異なる値どうしを計算したときに桁数の少ない値にあわせたり,指示計器の指針が目盛の間にあるときに近い方の目盛で読んだりすることを,**数値の丸め**(rounding)という.通常,数値を丸めるときに四捨五入するが,いつも五を切り上げて,切り上げた結果の和をとると誤差が大きくなる.これを避けるために四捨六入という方法がある.たとえば四捨六入では,次のように丸め方が決められている.

- 12.76→12.8,12.73→12.7(丸める数が五以外なら四捨五入する)
- 12.75→12.8,12.85→12.8(丸める数が五のとき,その 1 桁上の数が奇数ならば切り上げ,偶数ならば切り捨てる)
- 12.652→12.7(丸める数が五のとき,その桁以下に数値があるときは切り上げる)

## 2.4 最確値の求め方

測定では真値はわからないので,その代わりになるのが**最確値**(most probable value) である。ここではまず最確値の求め方のひとつとして**最小二乗法**(least square method) について説明する。次に**補間法**(interpolation) について説明する。

### 2.4.1 最小二乗法

最小二乗法は実験で得られたデータ $(x_1, y_1), (x_2, y_2), \cdots, (x_n, y_n)(n \geq 3)$ から任意の $x$ に対して $y$ の値を推測する場合,$y = f(x)$ で表される関数 $f$ を誤差関数が最小になるように関数のパラメータを決める方法である。

**(1) 直接測定の場合**

$n$ 回の測定値 $x_i (i = 1 \sim n)$ がある場合,その最確値 $x_0$ は次式 $P$ が最小になるときの $x_0$ である。

$$P = \sum_{i=1}^{n} (x_i - x_0)^2 \tag{2.10}$$

すなわち,$\dfrac{dP}{dx_0} = 0$ から $x_0$ は,

$$x_0 = \frac{x_1 + x_2 + \cdots + x_n}{n} \tag{2.11}$$

となる。これは式 (2.2) と同じであり,平均値を求めることは最確値を求めていることになる。

**(2) 間接測定の場合**

$n$ 回の測定において入力した値が $x_i$ $(i = 1 \sim n)$ があり,その出力される値(測定値)が $y_i$ $(i = 1 \sim n)$ であるとき,両者の間に次の線形な関係が成り立つとする。

$$y = ax + b \tag{2.12}$$

最小二乗法では，次の残差 $\varepsilon$ が最小になるように定数 $a, b$ を定める．

$$\varepsilon = \sum_{i=1}^{n} \{y_i - (ax_i + b)\}^2 \tag{2.13}$$

そのためには $a, b$ に関してそれぞれ偏微分して 0 とおく．すなわち，

$$\frac{\partial \varepsilon}{\partial a} = 0, \ \frac{\partial \varepsilon}{\partial b} = 0 \tag{2.14}$$

から，次式により $a, b$ の値が得られる．

$$a = \frac{\left(\sum_{i=1}^{n} x_i\right)\left(\sum_{i=1}^{n} y_i\right) - n\sum_{i=1}^{n} x_i y_i}{\left(\sum_{i=1}^{n} x_i\right)^2 - n\sum_{i=1}^{n} x_i} \tag{2.15}$$

$$b = \frac{\sum_{i=1}^{n} x_i \sum_{i=1}^{n} x_i y_i - \left(\sum_{i=1}^{n} x_i^2\right)\left(\sum_{i=1}^{n} y_i\right)}{\left(\sum_{i=1}^{n} x_i\right)^2 - n\sum_{i=1}^{n} x_i^2} \tag{2.16}$$

### 2.4.2 補間法

補間法は離散的な測定点をすべて通過する関数を求める方法である．コンピュータで実験データをグラフ描画ソフトにより処理する場合に，ソフトウェアに組み込まれていることが多い．補間法にもいろいろあるが，ここではもっとも基本的な**ラグランジェ補間**（Lagrange interpolation）と**スプライン補間**（Spline interpolation）について紹介する．

#### (1) ラグランジェ補間

実験で得られた $N$ 個のデータ $(x_1, y_1), (x_2, y_2), (x_3, y_3), \cdots, (x_n, y_n)$ を 2 次元座標にプロットして，そのすべての点を通る関数を求める．データが 2 個であれば 1 次関数で，3 個であれば 2 次関数ですべての点を通過する線が描

ける。一般に $n$ 個の点を通る関数は，$n-1$ 次関数となり次のような式になる。

$$
\begin{aligned}
y = & \frac{(x-x_2)(x-x_3)\cdots(x-x_n)}{(x_1-x_2)(x_1-x_3)\cdots(x_1-x_n)} y_1 \\
& + \frac{(x-x_1)(x-x_3)\cdots(x-x_n)}{(x_2-x_1)(x_2-x_3)\cdots(x_2-x_n)} y_2 \\
& \frac{(x-x_1)(x-x_2)\cdots(x-x_n)}{(x_3-x_1)(x_3-x_2)\cdots(x_3-x_n)} y_3 + \cdots \\
& + \frac{(x-x_1)(x-x_2)\cdots(x-x_{n-1})}{(x_n-x_1)(x_n-x_2)\cdots(x_n-x_{n-1})} y_n
\end{aligned} \quad (2.17)
$$

この式の分子の各項は $n-1$ 次関数であり，$x$ に $x_1, x_2, x_3, \cdots, x_n$ を代入すると $y$ の値は $y_1, y_2, y_3, \cdots, y_n$ となり，すべての点を通過する補間式となっている。

ラグランジェ補間はデータの数が増えてくると，大きな振動が発生して近似の精度が悪くなる。

**(2) スプライン補間**

ラグランジェ補間ではデータの数が増えると近似関数の次数が高くなり，式が複雑になる。そこである区間ごとに低次の多項式で近似することを考える。区間の境界で不連続にならないようにするために，導関数が連続になるように近似する方法がスプライン補間である。

一般的には 3 次のスプライン補間が使われることが多い。データは $(x_0, y_0), (x_1, y_1), (x_2, y_2), \cdots, (x_n, y_n)$ の $N+1$ 個あるとする。区間 $[x_i, x_{i+1}]$ における区分多項式は

$$S_i(x) = a_i(x-x_i)^3 + b_i(x-x_i)^2 + c_i(x-x_i) + d_i \quad (2.18)$$
$$(i = 0, 1, 2, \cdots, N-1)$$

となる。式 (2.18) の各係数 $a_i, b_i, c_i, d_i$ は次の 3 条件を満たすように決める。
[条件1] 区分多項式 (2.18) がすべてのデータ点を通るように

を満たすこと。

[条件2] 区分多項式の1次微分および2次微分が，各区間の境界で連続であること。

$$S'_i(x_i) = S'_{i+1}(x_i)$$
$$S''_i(x_i) = S''_{i+1}(x_i) \tag{2.20}$$

[条件3] 両端の境界条件として2次微分の値を0とする。

$$S''_1(x_1) = S''_{n-1}(x_n) = 0 \tag{2.21}$$

以上より$4N$個の未知数$a_i$，$b_i$，$c_i$，$d_i$を既知の$x_i$，$y_i$を使って求めるための連立方程式が得られる。これを解いて3次のスプライン補間式（3次曲線）が求められる。

## 演習問題

(1) 抵抗の値が$1\,\mathrm{k}\Omega$の抵抗をマルチメータで10回測定して以下の値が得られた。

$1000.15\,\Omega$，$1000.59\,\Omega$，$1000.45\,\Omega$，$1000.35\,\Omega$，$1000.40\,\Omega$
$1000.19\,\Omega$，$1000.24\,\Omega$，$1000.25\,\Omega$，$1000.15\,\Omega$，$1000.46\,\Omega$

(a) 平均値$\bar{x}$と標準偏差$S$および標準不確かさ$u$を求めなさい。

(b) 不確かさの要因となるマルチメータの測定確度として読み値の$0.05\%$とレンジの$0.005\%$があるとする。さらに10回の測定結果のばらつきも考慮して，不確かさを求めなさい（不確かさは通常は有効数字2桁で表す）。

(2) 式 (2.13) から式 (2.15)，式 (2.16) を求めなさい。

(3) ある物質の質量の測定を専門の試験機関に依頼したところ，次のような試験データが報告されてきたとする。

$100\,\mathrm{mg} \pm 1\,mg$, $k = 2$

このデータの解釈について説明しなさい。

(4) 電池の内部抵抗を求めるために電池につないだ抵抗を変化させて，回路を流れる電流 $I$ と電池の端子電圧 $V$ を計測して次のような値が得られた。縦軸を $V$，横軸を $I$ でグラフ化し，最小二乗法を用いて電池の起電力 $E$ と電池の内部抵抗 $r$ を求めなさい。

問表 2–1　電流–電圧特性

| 電流 $I$ [A] | 0.03 | 0.13 | 0.16 | 0.18 | 0.20 | 0.24 | 0.29 | 0.36 | 0.46 |
|---|---|---|---|---|---|---|---|---|---|
| 電圧 $V$ [V] | 1.39 | 1.31 | 1.30 | 1.29 | 1.27 | 1.24 | 1.21 | 1.18 | 1.07 |

(5) 計測点 $(x_i, y_i)$ $(i = 1, 2, 3)$ として 3 点 $(1, 3)$, $(2, 1)$, $(5, 10)$ を通るラグランジェの補間式を求めなさい。さらにグラフを描いて確かめなさい。

### 実習；Let's active learning!

(1) 身近なものを測定して不確かさについて検討しよう。たとえば，次のような測定がある

- 鉛筆の長さを定規で測定する
- 髪の毛の直径をマイクロメーターで測定する
- 砂時計の時間をストップウオッチで測定する

他にもたくさんあるので考えてみよう。

### 演習解答

(1) (a) 平均値 $\bar{x} = 1000.32\,\Omega$，標準偏差 $S = 0.14\,\Omega$，標準不確かさ $u = 0.15\,\Omega$

(b) $1\,\mathrm{k}\Omega$ の抵抗を測定する場合のマルチメータの測定確度は $0.55\,\Omega$ である。よって，マルチメータの測定確度に起因する不確かさは $0.55\,\Omega/\sqrt{3} = 0.318\,\Omega$ となる。ここで測定値が均等にばらついているときの測定確

度から標準偏差に変換するため $\sqrt{3}$ で割っている。また，10 回の測定の平均値のばらつきは，標準偏差を測定回数のルートで割ることにより，$0.142\,\Omega/\sqrt{10} = 0.0449\,\Omega$ となる。

　したがって，式 (2.8) と式 (2.9) より合成標準不確かさ $u_c$ と拡張不確かさ $U$ を求めて，有効数字 2 桁で表すとそれぞれ $u_c = 0.32\,\Omega$，$U = 0.64\,\Omega$ となる。拡張不確かさ $U$ の値が測定確度より大きくなっているのは，測定値のばらつきが正規分布ではなく均等にばらついている（矩形分布）としたためである。

(2) 略

(3) データは，測定値が 100 mg，不確かさが ±1 mg，信頼度が 95% であることを表す。したがって，その物質の真の重量は不明であるが，真の重量は 99 mg から 101 mg の間にあるということに対して 95% の自信がある，となる。

(4) $V = E - rI$ の式が成り立つ。直線の傾きが $r$ になり，縦軸との交点が $E$ となる。$r = 0.71\,\Omega$，$E = 1.41\,\text{V}$。グラフは省略。

(5) 3 組の計測点を式 (2.17) に代入して整理すると，$y = 1.25x^2 - 5.75x + 7.5$ が得られる。グラフは省略。

### 引用・参考文献

1) 山崎弘郎：電気電子計測の基礎——誤差から不確かさへ——，電気学会，オーム社，2005.
2) 廣瀬明：電気電子計測，数理工学社，2003.
3) 信太克規：基礎電気電子計測，数理工学社，2012.

# 3章　単位系と標準

　各国の通貨にはそれぞれ通貨単位や通貨記号がある。さらに自国通貨と外国通貨の交換には為替レートと呼ばれる交換比率が存在する。これと同じように電気電子計測で必要となる各種の物理量には単位があり，単位記号が定められている。また，固有の名称をもつ個々の単位については，次元解析により基本物理量との関係を確認できる。その基礎となる単位は標準により定められている。

　本章では国際的に定められた単位系である国際単位系（略称SI）とそのSI基本単位を定義する標準について学ぶ。さらに2019年から施行される新SIについても解説する。

## 3.1 国際単位系（SI）

　これまで世界で使われる共通の単位は，4年に一度パリで開催されるCGPM（conférence générale des poids et mesures：国際度量衡総会）で定義されてきた。**国際単位系**はメートル法単位系を拡張したもので，1960年の国際度量衡総会で新しい国際的な単位系として**SI**（フランス語で le système international d'unités の略）が採択された。度量衡（weights and measures）とは，度が「長さ」，量が「体積」，衡が「質量」を表し，さまざまな物理量の測定または測定装置（道具），あるいはその単位（基準）を意味する。古来より，商取引に不可欠なものとして計量または計測の古い呼び方として用いられてきた。単位系は，その「**定義**（definition）」と大きさを実際に示す「**現示**（realization）」からなる。現示のための器具や装置を**原器**または**標準**という。

　**表3–1**にSIの基本単位とその定義を示す。7種の基本物理量である，長さ，質量，時間，電流，熱力学温度，物質量および光度に対する単位として，メート

表 3–1 SI 基本単位とその定義

| 量 | 単位 | 単位記号 | 定義 |
|---|---|---|---|
| 長さ | メートル | m | メートルは光が真空中で 1 秒の 299792458 分の 1 の時間に進む距離である |
| 質量 | キログラム | kg | キログラムは国際キログラム原器（白金イリジウム合金製円筒）の質量である |
| 時間 | 秒 | s | 秒はセシウム原子 ($^{133}$Cs) の基底状態の 2 つの微細準位の間の遷移に対応する放射の 9 192 631 770 周期の継続時間である |
| 電流 | アンペア | A | アンペアは真空中に 1 m の間隔で平行に置かれた，無限に小さい円形断面積を有する，無限に長い 2 本の直線状導体のそれぞれを流れ，これらの導体の長さ 1 m ごとに $2 \times 10^{-7}$ N の力を及ぼし合う一定の電流である |
| 熱力学温度 | ケルビン | K | ケルビンは水の三重点の熱力学温度の $\dfrac{1}{273.16}$ である |
| 物質量 | モル | mol | モルは 0.012 kg の炭素 ($^{12}$C) に含まれる原子と等しい数の構成要素を含む系の物理量である |
| 光度 | カンデラ | cd | カンデラは周波数 $540 \times 10^{12}$ Hz の単色放射を放出し，所定の方向の放射強度が $\dfrac{1}{683}$ W·sr$^{-1}$ である光源の，その方向における光度である |

ル (m)，キログラム (kg)，秒 (s)，アンペア (A)，ケルビン (K)，モル (mol) およびカンデラ (cd) があてられている。

さらに以前は補助単位として平面角のラジアン (rad) と立体角のステラジアン (sr) が定義されていたが，現在は固有の名称をもつ組立単位に組み込まれている。**表 3–2** に電気に関係する主な SI の組立単位を示す。電気に関連した基本量は電流だけであり，その他の電気に関係する単位はすべて関係式を使って組み立てた単位であり，普通には**表 3–2** に示す単位が用いられる。

ここで**表 3–1** や**表 3–2** で示された単位を用いて物理量を表すと

$$\text{物理量} = \text{数値} + [\text{単位}] \tag{3.1}$$

表 3–2　電気単位系の SI 組立単位

| 量<br>( ) 内は表記記号 | 単位 | 単位記号 | 他の表し方 | SI 基本単位による表し方 |
|---|---|---|---|---|
| 周波数 ($f$) | ヘルツ | Hz |  | $s^{-1}$ |
| エネルギー，仕事，熱量 ($W$) | ジュール | J | N·m | $m^2 \cdot kg \cdot s^{-2}$ |
| 電力，仕事率 ($P$) | ワット | W | J/s | $m^2 \cdot kg \cdot s^{-3}$ |
| 電荷，電気量 ($Q$) | クーロン | C |  | $s \cdot A$ |
| 電圧，電位 ($V$) | ボルト | V | W/A | $m^2 \cdot kg \cdot s^{-3} \cdot A^{-1}$ |
| 電界の強さ ($E$) | ボルト/メートル | V/m |  | $m \cdot kg \cdot s^{-3} \cdot A^{-1}$ |
| 電束密度 ($D$) | クーロン/平方メートル | $C/m^2$ |  | $m^{-2} \cdot s \cdot A$ |
| 誘電率 ($\varepsilon$) | ファラド/メートル | F/m |  | $m^{-3} \cdot kg^{-1} \cdot s^4 \cdot A^2$ |
| 静電容量 ($C$) | ファラド | F | C/V | $m^{-2} \cdot kg^{-1} \cdot s^4 \cdot A^2$ |
| 電気抵抗 ($R$) | オーム | Ω | V/A | $m^2 \cdot kg \cdot s^{-3} \cdot A^{-2}$ |
| コンダクタンス ($G$) | ジーメンス | S | A/V | $m^{-2} \cdot kg^{-1} \cdot s^3 \cdot A^2$ |
| 磁束 ($\Phi$) | ウェーバー | Wb | V·s | $m^2 \cdot kg \cdot s^{-2} \cdot A^{-1}$ |
| 磁界の強さ ($H$) | アンペア/メートル | A/m |  | $m^{-1} \cdot A$ |
| 磁束密度 ($B$) | テスラ | T | $Wb/m^2$ | $kg \cdot s^{-2} \cdot A^{-1}$ |
| 透磁率 ($\mu$) | ヘンリー/メートル | H/m |  | $m \cdot kg \cdot s^{-2} \cdot A^{-2}$ |
| インダクタンス ($L$) | ヘンリー | H | Wb/A | $m^2 \cdot kg \cdot s^{-2} \cdot A^{-2}$ |

となる．しかし，実際には数値が大きくなりすぎたり，小さくなりすぎたりすることが多い．そこで，SI 単位系では，**表 3–3** に示す接頭語を用いて，

$$\text{物理量} = \text{数値} + [\text{接頭語} + \text{単位}] \tag{3.2}$$

と表記することがわかりやすく便利である．計測は，このようにさまざまな物理量を数値と単位で表すことである．

表 3–3 10 の整数乗倍を表わす SI 接頭語

| 名称 | 記号 | 大きさ | 名称 | 記号 | 大きさ |
|---|---|---|---|---|---|
| ヨタ（yotta） | Y | $10^{24}$ | デシ（deci） | d | $10^{-1}$ |
| ゼタ（zetta） | Z | $10^{21}$ | センチ（centi） | c | $10^{-2}$ |
| エクサ（exa） | E | $10^{18}$ | ミリ（milli） | m | $10^{-3}$ |
| ペタ（peta） | P | $10^{15}$ | マイクロ（micro） | $\mu$ | $10^{-6}$ |
| テラ（tera） | T | $10^{12}$ | ナノ（nano） | n | $10^{-9}$ |
| ギガ（giga） | G | $10^{9}$ | ピコ（pico） | p | $10^{-12}$ |
| メガ（mega） | M | $10^{6}$ | フェムト（femto） | f | $10^{-15}$ |
| キロ（kilo） | k | $10^{3}$ | アト（atto） | a | $10^{-18}$ |
| ヘクト（hecto） | h | $10^{2}$ | ゼプト（zepto） | z | $10^{-21}$ |
| デカ（deca） | da | 10 | ヨクト（yocto） | y | $10^{-24}$ |

## 3.2 量子標準

SI 基本単位のひとつであるアンペア（A）は電流の単位であるが，定義にあるように無限に小さい円形断面積を有する，無限に長い 2 本の直線状導体を実現することは不可能である．それでは，どのようにしてアンペアは決められるのであろうか．アンペアの値は**図 3–1** に示すような**電流天秤**により絶対測定（基本単位と関係付ける測定）で求めることができる．固定コイルと可動コイルに電流を流し，可動コイルが受ける力と分銅の力との釣り合いで電流値を測定する．精度は $10^{-6}$ 程度である．しかし，この方法で電流の標準を維持するのは大変であるため，具体的に実現するためのものとして**標準電池**（standard cell）や**標準抵抗(器)**（standard resistance）と呼ばれる標準器により，電流の単位を維持するようにしている．

現在では，さらに高い精度が得られるものとして，**ジョセフソン効果**（Josephson effect）による電圧と**量子ホール効果**（quantum Hall effect）による抵抗よりボルト（V）とオーム（Ω）が決められ，**オームの法則**（Ohm's law）によって電流の単位は決められている．これらは次に説明する量子現象に基づき，普遍的な基礎物理定数によって電圧や抵抗を決めるものであり，**量子標準**（quantum standard）と呼ばれる．

## 3.2 量子標準

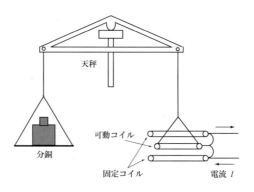

図 3–1　電流天秤の構造

### 3.2.1 ジョセフソン電圧標準

図 **3–2** に示すように，厚さ数 nm の絶縁体または常伝導体を 2 つの超伝導体で挟んだ構造のものを**ジョセフソン素子**という。極低温下では絶縁体を介した 2 つの超伝導体の間にはトンネル電流が流れ，電圧は発生しない。この現象はブライアン・ジョセフソン（Brian D. Josephson）により理論的に予言されていた。図 **3–3** は常伝導体層を超伝導体で挟んだ弱結合型ジョセフソン素子の電圧電流特性であり，電流が臨界電流を越えると電圧が発生する。一方，これにマイクロ波を照射すると磁束が接合部を通り抜けるため，階段状の電圧が観測される。この 1 段ごとの電圧は**シャピロ・ステップ**（Shapiro step）と呼ばれ，

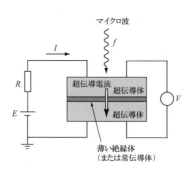

図 3–2　ジョセフソン素子の構造

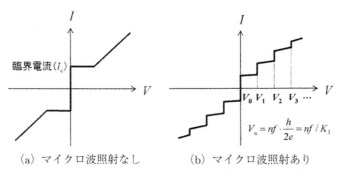

図 3-3 弱結合型ジョセフソン素子の電圧電流特性 [4]

$$\Delta V = \frac{h}{2e} f \qquad (3.3)$$

となる。ここで，$h$ はプランク定数，$e$ は電子の電荷量（電気素量），$f$ はマイクロ波の周波数である。プランク定数 $h$ や電気素量 $e$ は普遍的な基礎物理定数であるため，周波数 $f$ から直接電圧を決定できる。周波数は 11 桁の精度が得られたので，1990 年の協定値

$$K_{\mathrm{J}-90} = 2e/h = 483\,597.9\,\mathrm{GHz/V} \qquad (3.4)$$

を**電圧量子標準**とすることで電圧が高精度で決められる。$K_{\mathrm{J}}$ はジョセフソン定数といい，2014 年の CODATA 推奨値は，483 597.8525(30) GHz/V である。CODATA は ICSU（international council for science：国際学術会議）により設立された**科学技術データ委員会** （committee on data for science and technology）の略称である。

### 3.2.2 量子ホール効果抵抗標準

図 3-4 に示すように，MOS-FET のチャネルのような薄い導電層（2 次元半導体）を 1 K 程度の極低温に置いて，15 T 程度の強磁場を印加して磁場と直交するように電流を流すと，その電流と直交する方向に電圧が発生する。電子は 2 次元的な平面内にしか動けないため量子化される。この現象は量子ホール効

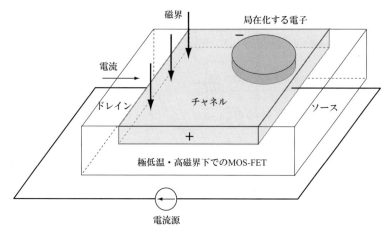

図 3–4 量子ホール効果の測定

果と呼ばれる。ホール電圧 $V_\mathrm{H}$ と電流 $I_\mathrm{SD}$ の比は，

$$R_\mathrm{H} = \frac{V_\mathrm{H}}{I_\mathrm{SD}} = \frac{h}{e^2 n} = \frac{R_{\mathrm{K}-90}}{n} \quad (n = 1,\ 2,\ \cdots) \tag{3.5}$$

となる。$R_\mathrm{H}$ は量子ホール抵抗と呼ばれ，プランク定数 $h$ と電子の電荷量 $e$ といった普遍的な基礎物理定数だけで抵抗が定義される。**図 3–5** にはホール抵抗が量子化されている様子を示す。この量子現象は 1980 年にクラウス・フォン・クリッツィング（Klaus von Klitzing）により示され，1990 年の協定値

$$R_{\mathrm{K}-90} = h/e^2 = 25\,821.807\,\Omega \tag{3.6}$$

が**抵抗量子標準**となった。$R_\mathrm{K}$ はフォン・クリッツィング定数といい，2014 年の CODATA 推奨値は，25 812.807 4555(59) Ω である。

## 3.3 SI から新 SI（改定 SI）へ

2018 年 11 月 13–16 日の第 26 回国際度量衡総会では SI 基本単位の定義が改定され，新しい SI 単位が 2019 年 5 月 20 日（この日はメートル条約が締結さ

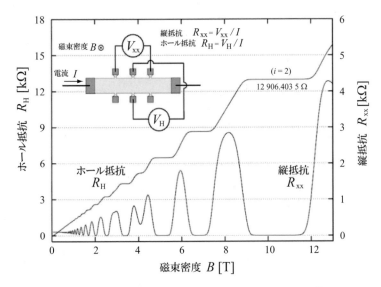

図 3–5　GaAs/AlGaAs 量子ホール素子の対磁場特性 [4]
（量子ホール状態となるとき，縦抵抗はゼロとなる）

れた日であり，世界計量記念日となっている）から施行される。改定の内容は，7 つの物理定数（**表 3–4**）を定義値（不確かさが 0）とし，キログラム（kg），アンペア（A），ケルビン（K），モル（mol）の 4 つの単位が新しく定義される。この改定により，国際キログラム原器は廃止されることになる。**表 3–5** に新 SI

表 3–4　新 SI での物理定数の定義値

| 物理定数 | 記号 | 数値 | 単位 |
|---|---|---|---|
| $^{133}$Cs 超微細分離振動数 | $\Delta\nu_{Cs}$ | 9 192 631 770 | Hz = s$^{-1}$ |
| 真空中の光速 | $c$ | 299 792 458 | m s$^{-1}$ |
| プランク定数 | $h$ | 6.626 070 15×10$^{-34}$ | J·s = kg m$^2$ s$^{-1}$ |
| 素電荷 | $e$ | 1.602 176 634×10$^{-19}$ | C = As |
| ボルツマン定数 | $k$ | 1.380 649 × 10$^{-23}$ | J K$^{-1}$ |
| アボガドロ定数 | $N_A$ | 6.022 140 76 × 10$^{23}$ | mol$^{-1}$ |
| 540 × 10$^{12}$Hz の単色放射の発光効率 | $K_{cd}$ | 683 | lm W$^{-1}$ = cd sr W$^{-1}$ |

3.3 SI から新 SI（改定 SI）へ

表 3-5　新 SI 基本単位とその定義および定義値との関係

| 量 | 定義 | 物理定数の定義値と基本単位との関係 |
|---|---|---|
| 時間 | 秒 (s) は時間の単位である．その大きさは，単位 $s^{-1}$（Hz に等しい）による表現で，基底状態で温度が 0 ケルビンのセシウム 133 原子の超微細構造の周波数 $\Delta\nu_{C_s}$ の数値を 9192631770 と定めることによって設定される | $1\,\mathrm{Hz} = \dfrac{\Delta\nu_{C_s}}{9192631770}$ または $1\,\mathrm{s} = \dfrac{9192631770}{\Delta\nu_{C_s}}$ |
| 長さ | メートル (m) は長さの単位である．その大きさは，単位 $\mathrm{m\cdot s^{-1}}$ による表現で，真空中の光速度 $c$ の数値を 299792458 と定めることによって設定される | $1\,\mathrm{m} = \left(\dfrac{c}{299792458}\right)\mathrm{s}$ $= 30.6633189\ldots \dfrac{c}{\Delta\nu_{C_s}}$ |
| 質量 | キログラム (kg) は質量の単位である．その大きさは，単位 $\mathrm{s^{-1}\cdot m^2\cdot kg}$（J·s に等しい）による表現で，プランク定数 $h$ の数値を $6.62607015\times 10^{-34}$ と定めることによって設定される | $1\,\mathrm{kg} = \left(\dfrac{h}{6.62607015\times\sim 10^{-34}}\right)\mathrm{m^{-1}\,s}$ $= 1.475521\ldots \mathrm{c}\times 10^{40}\dfrac{h\,\Delta\nu_{C_s}}{c^2}$ |
| 電流 | アンペア (A) は電流の単位である．その大きさは，電気素量 $e$ の数値を $1.602176634\times 10^{-19}$ と定めることによって設定される | $1\,\mathrm{A} = \left(\dfrac{e}{1.602176634\times 10^{-19}}\right)\mathrm{s^{-1}}$ $= 6.7896868\ldots \times 10^8\,\Delta\nu_{C_s}\,e$ |
| 熱力学温度 | ケルビン (K) は熱力学温度の単位である．その大きさは，単位 $\mathrm{s^{-2}\cdot m^2\cdot kg\,K^{-1}}$（J·$\mathrm{K^{-1}}$ に等しい）による表現で，ボルツマン定数 $k$ の数値を $1.380649\times 10^{-23}$ と定めることによって設定される | $1\,\mathrm{K} = \left(\dfrac{1.380649\times 10^{-23}}{k}\right)\mathrm{kg\,m^2\,s^{-2}}$ $= 2.26666526\ldots \dfrac{\Delta\nu_{C_s}\,h}{k}$ |
| 物質量 | モル (mol) は物質量の単位である．1 モルは正確に $6.02214076\times 10^{23}$ の要素粒子を含む．この数値は単位 $\mathrm{mol^{-1}}$ による表現でアボガドロ定数 $N_\mathrm{A}$ の固定された数値であり，アボガドロ数と呼ばれる | $1\,\mathrm{mol} = \dfrac{6.02214076\times 10^{23}}{N_\mathrm{A}}$ |
| 光度 | カンデラ (cd) は光度の単位であり，その大きさは，単位 $\mathrm{s^3\cdot m^{-2}\cdot kg^{-1}\cdot cd\cdot sr}$ または $\mathrm{cd\cdot sr\cdot W^{-1}}$（lm·$\mathrm{W^{-1}}$ に等しい）による表現で，周波数 $540\times 10^{12}$ Hz の単色光の発光効率の数値を 683 と定めることによって設定される | $1\,\mathrm{cd} = \dfrac{K_{\mathrm{cd}}}{683}\,\mathrm{kg\,m^2\,s^{-3}\,sr^{-1}}$ $= 2.6148304\ldots$ $\times 10^{10}\,(\Delta\nu_{C_s})^2\,h\,K_{\mathrm{cd}}$ |

の基本単位とその定義を示す.

新SIでは$c$, $e$, $h$すべてが定義値となったので，式（3.4）のジョセフソン定数$K_\mathrm{J}$と式（3.6）のフォン・クリッツィング定数$R_\mathrm{K}$は計算により求められる確定値となる．

$$K_\mathrm{J} = 483\,597.848\,416\,9836\ldots \mathrm{GHz/V} \tag{3.7}$$

$$R_\mathrm{K} = 25\,821.807\,459\,3045\ldots \Omega \tag{3.8}$$

## 3.4 トレーサビリティ

トレーサビリティ（traceability）とは，一般には物品の流通履歴を確認できることをいう．計測においては，使用している計測器がより高度の標準によって，次々に校正され国家標準につながる．それはSI基本単位にまでたどり着く経路が確保できていることである．その関係を図 **3–6** に示す．実際に計測に使

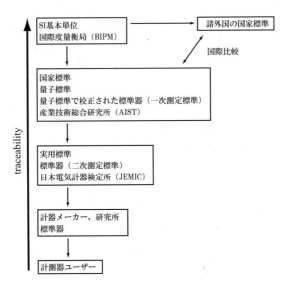

図 3–6　標準器によるトレーサビリティの確保

用する計測機器は，ひとつ上の実用基準（標準電池や標準抵抗など）により定期的に指示値を校正することが正しい測定のためには肝要である．校正はキャリブレーション（calibration）とも呼ばれる．その基準もさらに上位の国家基準（ジョセフソン電圧標準や量子ホール効果抵抗標準，国際キログラム原器など）により校正される．

## 演習問題

(1) 次の物理量について何を表しているのか考えなさい．
$500\,\text{kV}$, $1013.25\,\text{hPa}$, $300\,\text{K}$, $30\,\text{fs}$, $10\,\text{TW}$, $10^{-10}\,\text{m}$ ($0.1\,\text{nm}$, $1\,\text{Å}$), $160\,\text{lm/W}$

(2) SI 単位系において，真の値（true value）が確定している量が 3 つある．それらは何か答えなさい．

(3) 式 (3.3) のシャピロステップの電圧について説明しなさい．

(4) 古典的なホール効果について図を描いて説明しなさい．

(5) 式 (3.5) における 2 個の基礎物理定数の比 $h/e^2$ が抵抗の単位 $\Omega$ となることを示しなさい．

(6) 市販の測定器と自作の測定器の違いはどこにあるか説明しなさい．

(7) 直流電気抵抗のトレーサビリティの確保について図 **3–6** に相当するものを描いてみなさい．

(8) 実用基準であるカドミウム標準電池，ツェナー標準電圧発生器，マンガニン巻線標準抵抗器について調べなさい．

## 実習；*Let's active learning!*

(1) 質量の再定義が国際度量衡総会（2018 年 11 月）で議論される．国際キログラム原器に代わってキログラム（kg）は基礎定数であるプランク定数 $h$ を基準とするワットバランス（watt balance）法またはアボガドロ定数 $N_\text{A}$ を基準とする XRDC（x-ray crystal density: X 線結晶密度）法を用いて定

図 3–7 日本国キログラム原器（国立研究開発法人 産業技術総合研究所が保管，直径，高さとも約 39 mm の円柱形状で，白金 90%，イリジウム 10%の合金でできている）

義される。どのような測定原理や装置で質量の単位であるキログラム（kg）を決めようとするのかを調べてみよう。また，国際キログラム原器（**図 3–7** は「国際原器」を複製した「国家原器」）は，どのように保管され，維持されてきたのか調べてみよう。

(2) 国際単位系の 7 つの基本単位のうち，キログラム以外にも，アンペア，ケルビン，モルの定義が 2018 年の国際度量衡総会で改定され，その施行は 2019 年 5 月 20 日に行われる。4 つの単位の新定義について調べてみよう。

### 演習解答

(1) 50 万ボルトの送電電圧，標準大気圧，標準状態の温度，極短パルスレーザのパルス幅，地球上で消費している電力（瞬時電力），原子の直径，白色 LED の効率

(2) 真空中の光速 $c_0$ は 299 792 458 m/s と定義されている。また，電流 1 A

の定義において，間隔 d [m] で設置された無限に長い 2 本の平行導線の長さ 1 m あたりの導線に働く力 $F$ は

$$F = \mu_0 \frac{I^2}{2\pi d} \quad [\text{N}]$$

で与えられ，その力は $4\pi \times 10^{-7}$ N と定義されているので，真空の透磁率 $\mu_0$ は $4\pi \times 10^{-7}$ H/m となる。さらに光速 $c_0$ は真空の誘電率 $\varepsilon_0$ と真空の透磁率 $\mu_0$ との間に次の関係がある。

$$c_0 = \frac{1}{\sqrt{\varepsilon_0 \mu_0}} \quad [\text{m/s}]$$

よって，真空の誘電率 $\varepsilon_0$ は $8.854\,187\,817\cdots \times 10^{-12}$ F/m（2014 CODATA 推奨値）となる。これら 3 つの値（$c_0$, $\varepsilon_0$, $\mu_0$）は定義値であり，不確かさはない。

(3) ジョセフソン素子の絶縁体または常伝導体の部分では超伝導性の破れが起きて磁束の出入りが生じる。磁束が変化すると電磁誘導の法則より電圧が発生する。ただし，その変化は最小の磁束（磁束量子）$\Phi_0$ の整数倍である。したがって，誘導される電圧は

$$V = -\frac{d\Phi}{dt} = -\Phi_0 \frac{dn}{dt}$$

となる。ここで磁束量子は $\Phi_0 = h/e^*$ であり，$e^*$ は超伝導を伝導する電子対（クーパー対）であり，2 個の電子からなる。さらに磁束の変化はマイクロ波（周波数 $f$）で誘発されたので $dn/dt = f$ となり，

$$V = \frac{h}{e^*} f = \frac{h}{2e} f$$

シャピロステップの電圧が導出される。

(4) 電流の流れている半導体に電流と垂直な方向に磁界をかける。すると電子（または正イオン）はローレンツ力（$\boldsymbol{F}_\mathrm{B} = q\boldsymbol{v} \times \boldsymbol{B}$）を受けて進路を曲げられ，半導体の一方の端に集まる。その結果，蓄積された電荷により電界

が発生して力（$F_E = qE$）が生じる．この2つの力がつり合い，ホール電圧が生じる．図は省略．

(5) プランク定数 $h$ の単位は J·s であり，電気素量 $e$ は C である．よって，次のようになる．

$$\frac{\text{J·s}}{\text{C}^2} = \text{V} \cdot \frac{1}{A} = \Omega$$

(6) 市販の測定器は，ひとつ上の基準である測定器により校正され，それはそのさらに上の基準で校正されて，最終的には国家基準や国際基準と比較されている．このようにトレーサビリティが確保されているが，自作の測定器にはその保証がない．

(7)

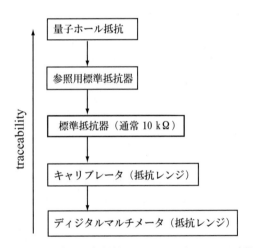

解図 3-1　直流電気抵抗のトレーサビリティの確保

(8) 略

## 引用・参考文献

1) 国立天文台編：理科年表, 丸善出版, 2017.
2) 2014年のCODATA推奨値は，以下のホームページを参照
   https://physics.nist.gov/cuu/Constants/ (2018)
   CODATAのホームページ
   http://www.codata.org/ (2018)
   BIPMのホームページ
   https://www.bipm.org/en/about-us/ (2018)
3) 大浦宣徳, 関根松夫：電気・電子計測, 昭晃堂, 1992.
4) 丸山道隆：産総研計量標準報告, Vol.8, No.2, pp.263–278, 2011.
5) 大江武彦：産総研計量標準報告, Vol.6, No.2, pp.119–127, 2007. または産業技術総合研究所 計量標準総合センター物理計測標準研究部門 量子電気標準研究グループのホームページ,
   https://staff.aist.go.jp/t.oe/index.html127/ (2018)
6) 山崎弘郎：電気電子計測の基礎 —誤差から不確かさへ—, オーム社, 2005.
7) 岩崎俊：電磁気計測, コロナ社, 2002.
8) 廣瀬明：電気電子計測, 数理工学社, 2003.
9) 臼井孝：新しい1キログラムの測り方, ブルーバックス, 講談社, 2018.
10) 佐藤文隆, 北野政雄：新SI単位と電磁気学, 岩波書店, 2018.
11) 安田正美：単位は進化する, 化学同人, 2018.

# 4章　電気信号の処理

各種センサ（sensor）によって収集される電気信号（signal）は，一般に電子回路を用いて扱いやすい大きさや形態に変換される．本章では，そのような電子回路の中心的素子である「演算増幅器（オペアンプ）（operational amplifier）」について説明する[1–5]．また，最近の計測にかかわる信号処理（signal processing）の分野では，ディジタルコンピュータ（digital computer）の発達に伴いアナログ信号（analog signal）をそのまま取り扱うのではなく，ディジタル信号（digital signal）に変換して取り扱うディジタル信号処理（digital signal processing）が主流となっている．そこで，このアナログ信号とディジタル信号の相互変換技術（interconversion technology）であるAD変換器（AD converter），DA変換器（DA converter）について解説する[5]．

## 4.1　演算増幅器（オペアンプ）と応用回路

実験や生産の現場で計測を行うことは，正確な実験結果を保証するためや製品の品質を保つために必ず必要である．計測器で直接測定できる大きさや時間変化する信号であれば増幅（amplification）やフィルタ（filter）などの機能を持つ電子機器（electronic device）の助けは必要ないが，そのような信号はごくまれである．そこで，微小な信号や大きすぎる信号は電子機器（電子回路（electronic circuit））を用いて扱いやすい大きさに変換して測定する．また，早い変化をする信号や，逆に遅い変化をする信号は，それに見合った周波数特性を持つ電子機器を用いて，増幅や信号変換をして計測をしなければならない．

従来は，この役割を持つ電子機器をダイオード（diode）やトランジスタ（transistor），FET（field effect transistor）といった個別の**能動素子**（active device）

や抵抗，コイル，コンデンサといった**受動素子**（passive device）を組み合わせて実現していた。しかし，個別部品の組み合わせで電子機器を構成することは，電子機器の安定性（stability）や再現性（reproducibility）などの多くの点で課題がある。さらに，高度な回路の調整技術が必要なため，非常に高価となり気軽に使用するという訳にはいかない。しかし，現在では，集積回路技術（integrated-circuit technology）の利用によって複雑で高度な機能を持つ回路が容易に製作できるようになったため，安定で安価な増幅器をあらゆる場面で利用できるようになった。そこで，アナログ信号を扱う分野でも，ダイオードやトランジスタ，抵抗などの素子をシリコンのチップ上に集積し，高安定で汎用的な回路素子として「演算増幅器」が実用化され，盛んに用いられるようになっている。この演算増幅器は差動入力を持つ増幅器で直流から増幅できる。また，温度変化や電源電圧の変動に対して安定である。

### 4.1.1 一般的な演算増幅器

図 4–1 は，現実の計測器などに用いられている演算増幅器の内部回路の一例である。バイポーラ・トランジスタを用いた一般的な演算増幅器のひとつである LM741（TEXAS INSTRUMENTS）の内部回路である。入力端子は 2 個あり**差動入力回路**（difference input circuit）となっていることがわかる。また，

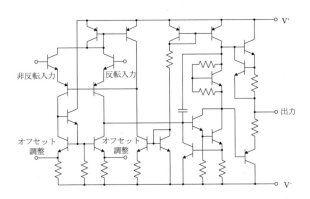

図 4–1　LM741 の内部回路[6)]

回路の安定性を保つためにカレントミラー回路（current mirror circuit）が多用されている．この IC（integrated circuit）は，標準的には電源電圧（supply voltage）±15 V で使用される．この IC の平均的な**入力オフセット電圧**（input offset voltage）は 1 mV，**入力抵抗**（input resistance）は 2 MΩ であり，**開ループ電圧利得**（open-loop voltage gain）は 110 dB，**同相信号除去比**（common-mode rejection ratio）は 90 dB，**スルー・レート**（slew rate）は 0.5 V/$\mu$s である．

演算増幅器の図記号と電源の接続法を**図 4-2** (a)，(b) に示し，**図 4-2** (c) に現実の演算増幅器の簡易な等価回路を示す．ここで，$R_i$ は演算増幅器の入力抵抗，$R_o$ は演算増幅器の出力抵抗，$A_{vo}$ は演算増幅器の開ループ電圧増幅度，$v_i$ は入力電圧，$v_o$ は出力電圧である．

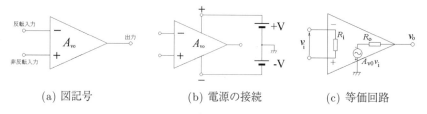

(a) 図記号　　　(b) 電源の接続　　　(c) 等価回路

図 4-2　演算増幅器の図記号，電源の接続，等価回路

### 4.1.2　理想演算増幅器

以下の条件を満たす演算増幅器を理想演算増幅器と定義する．

① 開ループ電圧増幅度（$A_{v0}$）が無限大
② 入力抵抗（入力インピーダンス）
③ **出力抵抗（出力インピーダンス）**
④ 周波数特性が平坦で帯域幅が無限大
⑤ オフセット電圧（offset voltage）・電流が 0（ゼロ），ドリフト（drift）が 0（ゼロ），入力バイアス電流（input bias current）が 0（ゼロ）

⑥ スルー・レートが無限大

　現実の演算増幅器はこれらのパラメータの値は無限大や 0（ゼロ）ではなく有限の値を持つが，現実の演算増幅器はこれらのパラメータの値が無限大や 0（ゼロ）に近い理想的な値を持っている．そこで，現実の演算増幅器の回路解析を行う多くの場合，理想演算増幅器として回路解析を行うことができる．

### 4.1.3　演算増幅器を用いた機能回路

　反転増幅器（inverting amplifier）や非反転増幅器（non-inverting amplifier），加算増幅器，減算増幅器，微分増幅器，積分増幅器といった機能回路の構成や機能について理想演算増幅器を用いて説明する．その後，電気電子計測でよく用いられる計装増幅器（インスツルメンテーション・アンプ：instrumentation amplifier）や定電流回路（constant current circuit）を紹介する．

### (1)　反転増幅器と非反転増幅器

　図 4-3 に演算増幅器を用いたもっとも基本的な機能回路である反転増幅器の回路を示す．また，図 4-4 に非反転増幅器の回路を示す．オペアンプが理想的なものとすれば，入力インピーダンスは無限大であり，2 つの入力端子間はイマジナリーショート（imaginary short）とする．反転増幅器の $v_1$ と $v_o$ の関係は，式 (4.1) となる．

$$v_o = -\frac{R_2}{R_1} v_1 \tag{4.1}$$

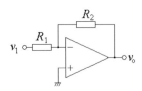 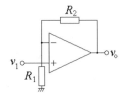

図 4-3　反転増幅器　　　　　図 4-4　非反転増幅器

一方，非反転増幅器の $v_1$ と $v_\mathrm{o}$ の関係は，式 (4.2) となる．

$$v_\mathrm{o} = \left(1 + \frac{R_2}{R_1}\right) v_1 \tag{4.2}$$

反転増幅器や非反転増幅器の場合は，$v_1$ の端子から回路を見た入力インピーダンス $Z_\mathrm{iO}$ や，$v_\mathrm{o}$ 端子から回路を見た出力インピーダンス $Z_\mathrm{oO}$ は以下の式 (4.3)，式 (4.4)，式 (4.5) となり，計測回路を設計する場合には注意を要する．ここで，$\beta$ は帰還率（feedback ratio）$(= R_1/(R_1 + R_2))$ である．

$$Z_\mathrm{iO} \approx R_1 \text{（反転増幅器）} \tag{4.3}$$

$$Z_\mathrm{iO} \approx R_1(1 + \beta A_\mathrm{v0}) \text{（非反転増幅器）} \tag{4.4}$$

$$Z_\mathrm{oO} \approx \frac{R_\mathrm{o}}{1 + \beta A_\mathrm{v0}} \text{（反転増幅器および非反転増幅器）} \tag{4.5}$$

**(2) 加算増幅器と減算増幅器**

図 4-5 に加算増幅器の回路を，図 4-6 に減算増幅器の回路を示し，式 (4.6) に加算増幅器の $v_1$ および $v_2$ と $v_\mathrm{o}$ の関係を示す．また，式 (4.7) に減算増幅器の $v_1$ および $v_2$ と $v_\mathrm{o}$ の関係を示す．

$$v_\mathrm{o} = -\frac{R_2}{R_1}(v_1 + v_2) \tag{4.6}$$

$$v_\mathrm{o} = -\frac{R_2}{R_1}(v_1 - v_2) \tag{4.7}$$

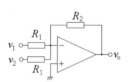
図 4-5 加算増幅器

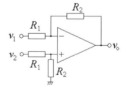
図 4-6 減算増幅器

**(3) 微分増幅器と積分増幅器**

図 4-7 に微分増幅器の回路を，図 4-8 に積分増幅器の回路を示し，式 (4.8)

に微分増幅器の $v_1$ と $v_o$ の関係を示す．また，式 (4.9) に積分増幅器の $v_1$ と $v_o$ の関係を示す．

$$v_o = -RC\frac{dv_1}{dt} \tag{4.8}$$

$$v_o = -\frac{1}{RC}\int v_1 dt \tag{4.9}$$

ここで，図 4–8 の積分増幅器において $v_1$ が直流であった場合は，コンデンサ $C$ の直流抵抗が無限大と考えられるため $v_o$ は $v_1$ が開ループ電圧増幅度（$A_{v0}$）倍された出力となる．一般の演算増幅器の場合，$A_{v0}$ は数万以上であり，$v_1$ の微小な変化で $v_o$ が飽和するなどの現象が起こる．このため，図 4–8 に示す積分増幅器はこのままの回路では実用されることはなく，コンデンサ $C$ と並列に抵抗を入れるなどして直流に対する増幅度を制限して用いられる．

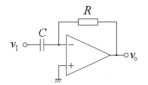
図 4-7  微分増幅器

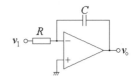
図 4-8  積分増幅器

**(4) ボルテージ・フォロア（voltage follower）とローパス・フィルタ（low-pass filter）**

ボルテージ・フォロア（もしくは buffer amplifier：**緩衝増幅器**）は，前段の回路の影響が後段の回路に及ばないように両者の中間に挿入する回路である．そのためには，入力インピーダンスは大きく，出力インピーダンスは小さくする必要がある．非反転増幅器において，$R_1 = \infty$，$R_2 = 0$（ゼロ）とすると図 4–9 に示すボルテージ・フォロアとなり $v_o \approx v_1$ となる．よって，ボルテージ・フォロアの電圧増幅度は式 (4–10) となる．また，$v_1$ の端子から回路を見た入力インピーダンス $Z_{iO}$ や，$v_o$ 端子から回路を見た出力インピーダンス $Z_{oO}$ は，式 (4.11)，式 (4.12) となる．

$$A_\mathrm{v} \approx 1 \tag{4.10}$$

$$Z_\mathrm{iO} \approx R_1 A_\mathrm{v0} \approx \infty \tag{4.11}$$

$$Z_\mathrm{oO} \approx \frac{R_\mathrm{o}}{A_\mathrm{v0}} \approx 0\,(\text{ゼロ}) \tag{4.12}$$

もっとも簡単な演算増幅器を使ったローパス・フィルタは，図 **4–3** に示す反転増幅器の抵抗 $R_2$ にコンデンサ $C$ を並列に接続した図 **4–10** の回路である．この回路で，**遮断周波数**（cut off frequency）$f_\mathrm{c}$ [Hz] は，式（4.13）となる．

$$f_\mathrm{c} = \frac{1}{2\pi C R_2} \tag{4.13}$$

また，電圧利得 $|G_\mathrm{v}|$（voltage gain）は，式（4.14）となる．

$$|G_\mathrm{v}| = \frac{1}{\sqrt{1 + \left(\frac{f}{f_\mathrm{c}}\right)^2}} \tag{4.14}$$

ここで，$|G_\mathrm{v}|$ は，$f_\mathrm{c}$ において，$1/\sqrt{2}(-3\,\mathrm{dB})$ となり，それ以上の周波数では，$-20\,\mathrm{dB/decade}$ の傾きで小さくなる．なお，$-20\,\mathrm{dB/decade}$ とは，周波数が 10 倍になると，$-20\,\mathrm{dB}$ だけ変化することを意味する．

## (5) 計装増幅器と定電流回路

図 **4–11** に計装増幅器の回路を示す．この回路は，センサ信号の増幅などのあらゆる場面で使用されている非常に汎用性の高い回路である．特徴を次に示す．

① 2 つの入力端子の入力インピーダンスが非常に高く等しい
② 回路の増幅度を抵抗 $R_1$ だけで可変することができる

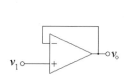
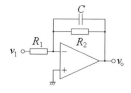

図 4–9　ボルテージ・フォロア　　図 4–10　ローパス・フィルタ

などである。式 (4.15) に計装増幅回路の $v_1$ および $v_2$ と $v_o$ の関係を示す。

**図4–12**に定電流回路（電圧電流変換回路）を示す。この回路は，ホール素子などの定電流駆動が必要な素子に比較的簡単に定電流を供給できる回路である。汎用の演算増幅器の出力電流は，おおむね 10 mA 程度以下であることに留意してこの回路を使用する。式 (4.16) を満たすように抵抗 $R_1$，$R_2$，$R_1'$，$R_2'$，$R_3$ を決めれば，電流 $I_L$ は入力電圧 $v_1$ によって式 (4.17) のように決まる。

$$v_o = -\left(1 + 2\frac{R_2}{R_1}\right)(v_1 - v_2) \tag{4.15}$$

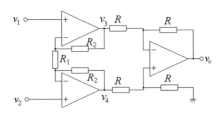

図 4–11　計装増幅器

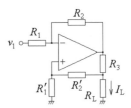

図 4–12　定電流回路

$$\frac{R_2' + R_3}{R_1'} = \frac{R_2}{R_1} \tag{4.16}$$

$$I_L = -\frac{R_2}{R_1 R_3} v_1 \tag{4.17}$$

## 4.2　アナログ信号とディジタル信号の相互変換技術

近年，電気電子計測はディジタル技術を用いて行うことが多くなった。センサなどの計測素子からの信号を，差動増幅器などのアナログ機器 (analog device) によってディジタル機器の扱いやすい大きさの信号に増幅し，その後，AD 変換

4.2 アナログ信号とディジタル信号の相互変換技術　　　　47

器を用いてディジタル化し，数値演算処理を行い，計測する方法が主流になってきている．ディジタル的に計測を行うことは，以下のような利点がある．

① ディジタル化された信号は，伝送による信号の劣化が少なく，誤り訂正（error correction）などの手法が使える
② 雑音（noise）に強い
③ 高速フーリエ変換（fast fourier transform）などのディジタル信号処理技術が使えるため，高度な信号処理がプログラムで可能である
④ 表示がディジタルであるため読み取り誤差などが発生しにくい

などがあげられる．一方，欠点として以下のようなことがあげられる．

① 回路が複雑になる
② 量子化誤差が生ずる
③ 測定結果をディジタル表示する場合，多数桁の表示が可能となるが，すべての桁での精度が保証されているわけではない

などである．

次にアナログ信号をディジタル信号に変換するために，サンプリングに関して必要な知識を説明する．またアナログとディジタルの相互変換回路である AD 変換器と DA 変換器の各種方式について解説する．

### 4.2.1 標本化，量子化，ナイキストの標本化定理

図 4–13 にアナログ信号（$f(t)$）をディジタル信号に変換する AD 変換の流れを示す．また，図 4–14 に AD 変換時の信号の時系列の変化を示す．図 4–14 (a) に示すセンサなどで発生し，計装増幅器などで AD 変換器の入力に最適な大きさまで増幅されたアナログ信号は，図 4–14 (b) に示すサンプリング信号（$\delta_s(t)$）によるタイミングで**サンプリング**（**標本化**, sampling）され，図 4–14 (c) に示す信号となる．このサンプリングされた信号は，定められたレベルで**量子化**（quantization）され図 4–14 (d) となる．量子化された信号は，**符号**

図 4–13　AD 変換の流れ

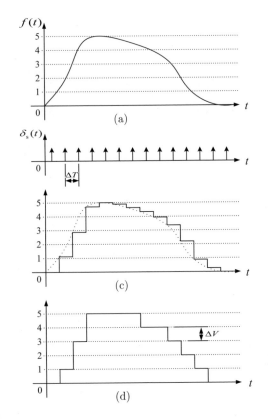

図 4–14　標本化と量子化

化（encoding）されディジタル信号となる．なお，サンプリング中にサンプリング回路への入力信号が変動すると誤差が発生するため，入力信号の変動を除くサンプル＆ホールド回路（sample & hold circuit）を用いることもある．

　ここで，サンプリング信号のサンプリングの間隔 $\Delta T$[s] は，アナログ信号の再現性に関係するが，**ナイキストの標本化定理**によりアナログ信号 $f(t)$ に含ま

れる最大周波数成分を $f_\mathrm{m}$ [Hz] とすると,

$$\Delta T < \frac{1}{2 f_\mathrm{m}} \tag{4.18}$$

であれば,元の信号が復元できることが保証される[5]。しかし,AD 変換を実際に使用する場合は,入力信号を忠実にあらわし,その後のディジタル演算での誤差の発生を小さくするためには,$\Delta T$ は機器の性能が許す限り小さいことが望ましいとされる。ここで,$\Delta T$ は,**サンプリング周波数**(sampling frequency)$f_\mathrm{s} = 1/\Delta T$ [Hz] である。もし,入力信号に AD 変換器のサンプリング周波数($f_\mathrm{s}$)の半分以上の高い周波数成分を含んでいる場合は,**エイリアシング**(aliasing)が発生する。その場合は,AD 変換器の前段にローパス・フィルタ(**アンチエイリアシング・フィルタ**,anti-aliasing filter)を組み込み,計測に支障のない範囲で入力信号の最大周波数成分を抑える必要がある。

標本化された信号は,一般に $\Delta V$ という等間隔の電圧で量子化される。最大振幅(**フルスケール**,full-scale)$V_\mathrm{m}$ の信号を $n$ ビット [bit] の**量子化ビット数**(sampling bit rate)で量子化すると,$\Delta V$ は,

$$\Delta V = \frac{V_\mathrm{m}}{2^n} \tag{4.19}$$

の**分解能**(resolution)となる。よって,量子化において,各レベルでは LSB(least significant bit:最下位ビット)分の最大 $\pm \Delta V/2$ の**量子化誤差**(quantization error)が発生することになる。ここでも,標本化間隔 $\Delta T$ と同様に,量子化ビット数は,大きいほど**量子化雑音**(quantization noise)が小さくなるが,その分,ディジタル化されたデータの量が大きくなるため処理に時間やメモリを多く必要とする。よって,$\Delta T$ や $\Delta V$ は,なるべく小さいほうが誤差の発生が小さくなるが,機器が高価となり速度も抑えられることとなる。そこで,測定対象の信号が含んでいる最大周波数や必要な振幅分解能を考慮して,サンプリング周波数や量子化ビット数は,もっとも効率的な値を採用する必要がある。

### 4.2.2 AD 変換器

計測に使用する AD 変換器を選択する場合に，注意しておかなければならない AD 変換器の性能表示項目について説明する。

① 分解能：入力の電圧や電流のフルスケールを標本化する場合の量子化ビット数によって決まる値
② 誤差：AD 変換器は量子化誤差を必ず含むが，これ以外にも回路的な原因によって発生する誤差がある
③ 変換時間：AD 変換器に変換の指令を与えてから AD 変換されたディジタル信号が確定するまでの時間である。この値が，サンプリング周波数の上限を決める
④ サンプリング周波数：サンプリングする周期を決定する。変換時間によって決まる。また，サンプリング周波数の安定性は時間軸の誤差を決める

以下，並列比較型（flash comparison type）と逐次比較型（successive-approximation type）の AD 変換方式について，ブロック図を用いて説明する。

**(1) 並列比較型 AD 変換器**

図 **4–15** に並列比較型 AD 変換器のブロック図を示す。この AD 変換器は，量子化ビット数 $n$ で決まる $\Delta V$（式 (4.19)）の電位差を持つ**基準電圧**（$V_{\mathrm{rf}}$）と**電圧比較器**（comparator）を $2^n - 1$ 個用意し，各比較器の出力をエンコードし，ディジタル出力を得る方法である。$n$ が大きくなると膨大な数の基準電圧と比較器を用意しなければならず回路が大規模になる欠点がある。しかし，比較器やエンコーダの時間遅れが少ないことから最高サンプリング周波数が数百 MHz から数 GHz といった高速 AD 変換が実現できる特徴がある。そこで，8 ビット程度の量子化ビット数で十分であり，高速な変換が必要な場合，たとえば，ディジタル・オシロスコープなどによく用いられる。

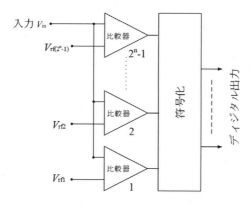

図 4-15 並列比較型 AD 変換器

**(2) 逐次比較型 AD 変換器**

図 4-16 に逐次比較型 AD 変換器のブロック図を示す。この逐次比較型 AD 変換器は，**サンプル&ホールド回路**と比較器，逐次比較レジスタ，DA 変換器，クロック発生器，基準電圧源などからなっている。この逐次比較型 AD 変換回路では，1 回の AD 変換に時間がかかるため，その間に入力電圧が変動すると誤差になる。AD 変換を行っている間は，比較器への入力電圧が変動しないようにサンプル&ホールド回路が設けられている。この回路は，SAR（successive-approximation register：逐次比較レジスタ）にセットされたディジタル値を DA 変換器でアナログ電圧に変換し，このアナログ値とサンプル&ホールドされたアナログ入力電圧とを比較器で比較する。この 2 つのアナログ電圧が等しくなった場合に AD 変換を終了する。SAR の更新はクロックを用いて行う。以下に，詳しい手順を示す。

① 逐次比較レジスタをクリアする。この時，DA 変換器の出力電圧は 0（ゼロ）V である
② アナログ入力電圧をサンプル&ホールドし $V_{sp}$ とする
③ 逐次比較レジスタの最上位ビット MSB（most significant bit）を 1 にセットする

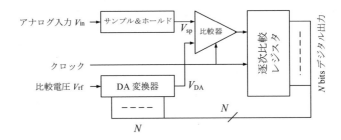

図 4–16　逐次比較型 AD 変換器

④ SAR の値を DA 変換器でアナログ値（$V_{DA}$）に変換し，$V_{sp}$ と比較する
⑤ $V_{DA} < V_{sp}$ の場合，MSB を 1 のままとし，$V_{DA} > V_{sp}$ の場合，MSB を 0（ゼロ）とする
⑥ 次に MSB-1 ビット目を 1 とする．以下，④，⑤，⑥ を繰り返し，LSB まで 1 あるいは 0（ゼロ）を確定する

このように，逐次比較型 AD 変換器は，変換に最低分解能分のクロック数が必要であり時間がかかる（実際には回路の制御が必要なためそれ以上の時間がかかる）ため，最高サンプリング周波数は数 MHz 程度である．しかし，精度の良い DA 変換器を用いることができるため，最高 24 ビット程度の高分解能が実現できる．

### 4.2.3　DA 変換器

まず，計測に使用する DA 変換器を選択する場合に注意しておかなければならない DA 変換器の性能表示項目の一部について簡単に説明する．

① **分解能**：入力の電圧や電流のフルスケールを標本化する場合の量子化ビット数によって決まる値である．基準電圧 $V_{rf}$，標本化ビット数 $n$，ディジタル値 $d$ とすると $V_{out}$ は次の式で求められる．

$$V_{out} = V_{rf}\frac{d}{2^n} \tag{4.20}$$

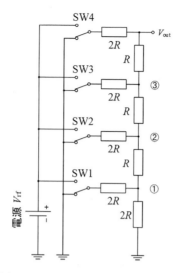

図 4–17　$R$-$2R$ ラダー型 DA 変換器

② **セットリング・タイム**：ディジタル値をアナログ値に変換する場合も時間が必要である。これをセットリング・タイム（設定時間，settling time）という。
③ **直線性**：直線性には，基準電圧の変動やラダー抵抗の誤差，増幅系の非直線性が関与する。

図 4–17 に示す代表的な DA 変換回路である 4 ビットの **電圧加算型 $R$-$2R$ ラダー回路** について説明する。ここで，ラダーを構成する抵抗 $R$ と $2R$ は，抵抗値の比が同じであれば，大きさには特に決まりはない。しかし，あまり小さい値だと回路の消費電力が多くなり，大きすぎると抵抗の熱雑音が増えるなどの制約がある。また，この回路で大切なことは，$V_\mathrm{out}$ につながる負荷抵抗の影響で回路の電圧バランスが崩れるため，$V_\mathrm{out}$ から電流を取り出さないことである。さらに，実際の DA 変換回路では，各ビットに対応した半導体スイッチ（SW）として，ON 抵抗が小さく OFF 抵抗が大きい C-MOS FET スイッチが多く用いられる。この半導体スイッチの ON 抵抗や OFF 抵抗も DA 変換誤差の原因

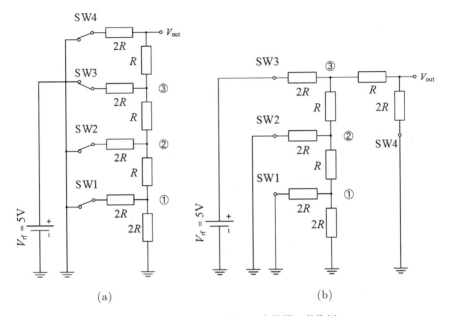

図 4–18　$R$-$2R$ ラダー型 DA 変換器の動作例

になる。この電圧加算型 $R$-$2R$ ラダー DA 変換回路は，用いる抵抗の精度等にもよるが 16 ビット程度の DA 変換回路までは十分に実用的なものを作製できる。さらに，抵抗の精度を向上するなどの工夫を行い，16 ビット以上の分解能を持つものも作られている。

図 4–17 において SW4 = OFF，SW3 = ON，SW2 = OFF，SW1 = OFF，$(0100)_2$，基準電圧 $V_{rf} = 5$ V とした場合の $V_{out}$ を求めてみる。図 4–17 に示す回路に $(0100)_2$ のディジタル値を加えた場合の回路が図 4–18（a）となる。さらに，$V_{out}$ を計算しやすい形に書き直した回路が図 4–18（b）である。この回路において節 ③ の電圧は，1.875 V であり，節 ②，および，① の電圧はそれぞれ，0.9375 V，0.46875 V である。よって，この例では，$V_{out}$ = 1.25 V となり，5 ビット，5 V フルスケールの DA 変換器の出力 $V_{out} = 5 \times \dfrac{4}{16} = 1.25$ V と一致する。

演習問題

## 演習問題

(1) 図 4–5 に示す加算増幅回路の $v_1$ および $v_2$ と $v_o$ の関係を求めなさい。

(2) 図 4–6 に示す減算増幅回路の $v_1$ および $v_2$ と $v_o$ の関係を求めなさい。

(3) 図 4–7 に示す微分増幅回路の $v_1$ と $v_o$ の関係を求めなさい。

(4) 図 4–8 に示す積分増幅回路の $v_1$ と $v_o$ の関係を求めなさい。

(5) 図 4–10 に示すローパス・フィルタ回路の $v_1$ と $v_o$ の関係を求めなさい。また，遮断周波数 $f_c$ [Hz] を求めなさい。

(6) 図 4–11 に示す計装増幅器の $v_1$ および $v_2$ と $v_o$ の関係を求めなさい。

(7) 理想的な演算増幅器を使って電圧増幅率 $A_V = -5$ の反転増幅回路を設計しなさい。なお，回路の入力インピーダンス $Z_{iO}$ を $10\,\mathrm{k\Omega}$ 以上とする。

(8) 入力電圧のフルスケールが $10\,\mathrm{V}$，量子化ビット数が 12 ビットの AD 変換器がある。分解できる最小電圧幅 $dV$ [V] を求めなさい。

(9) 入力信号に含まれている最大の周波数成分が $10\,\mathrm{kHz}$ である。この信号を AD 変換する場合，最小サンプリング周波数 $f_{sm}$ [Hz] を求めなさい。

## 実習；Let's active learning!

(1) 演算増幅器を構成している重要な回路に「差動増幅器」がある。この差動増幅器の差動利得，同相利得，CMRR（common-mode rejection ratio：同相信号除去比）について調べてみよう。

(2) 本書では，AD 変換方式の方式として，並列比較型と逐次比較型について説明したが，他にも，デジタルマルチメータなどに多用されている二重積分型などがある。この二重積分型の AD 変換器について調べてみよう。

## 演習解答

(1) オペアンプは理想オペアンプなので，$R_{in} = \infty$，2 つの入力端子間はイマジナリーショートである。ここで，解図 4–1 のように $i_1$, $i_2$, $i_3$ を決めると，

$$i_1 = \frac{v_1}{R_1}, \quad i_2 = \frac{v_2}{R_1} \tag{1}$$

また，

$$i_3 = -\frac{v_\mathrm{o}}{R_2} \tag{2}$$

である．一方，

$$i_3 = i_2 + i_1$$

なので，

$$v_\mathrm{o} = -\frac{R_2}{R_1}(v_1 + v_2) \tag{3}$$

となる．

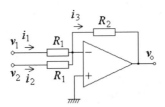

解図 4–1　加算増幅回路解答図

(2) オペアンプの 2 つの入力端子の電圧を**解図 4–2** のように決める．また，オペアンプは理想オペアンプなので，$R_\mathrm{in} = \infty$，2 つの入力端子間はイマジナリーショートである．よって，

$$\frac{v_1 - v^-}{R_1} = \frac{v^- - v_\mathrm{o}}{R_2} \tag{1}$$

$$v^+ = \frac{R_2}{R_1 + R_2} v_2 \tag{2}$$

$$v^+ = v^- \tag{3}$$

(1)，(2)，(3) より，

$$v_\mathrm{o} = -\frac{R_2}{R_1}(v_1 - v_2) \tag{4}$$

となる。

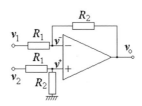

解図 4-2　減算増幅回路解答図

(3) 回路の各部の電圧，電流を**解図 4-3** のように決める。コンデンサ $C$ の両端の電圧 $v_\mathrm{C}$ はコンデンサに蓄えられる電荷を $q$ とすると，$q = C \cdot v_\mathrm{C}$ であり，$i_1$ は $q$ の時間変化なので，

$$i_1 = C\frac{dv_\mathrm{C}}{dt} \tag{1}$$

となる。一方，オペアンプの 2 の入力間はイマジナリーショートであるので，

$$i_2 = -\frac{v_\mathrm{o}}{R} \tag{2}$$

であり，また，$v_\mathrm{C} = v_1$ である。さらに，オペアンプの 2 つの入力間のインピーダンスは無限大であるので，$i_1 = i_2$ である。よって，

$$v_\mathrm{o} = -RC\frac{dv_1}{dt} \tag{3}$$

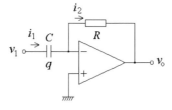

解図 4-3　微分増幅回路解答図

となる.

(4) 回路の各部の電圧,電流を**解図 4-4** のように決める.また,オペアンプは理想オペアンプなので,$R_{\text{in}} = \infty$,2 つの入力端子間はイマジナリーショートである.

$$i_1 = i_2 \tag{1}$$

である.

$$i_1 = \frac{v_1}{R} \tag{2}$$

であり,また,C の両端の電圧 $v_c$ は,

$$v_c = \frac{1}{C} \int i_2 dt = -v_\text{o} \tag{3}$$

となる.よって,

$$v_\text{o} = \frac{1}{CR} \int v_1 dt \tag{4}$$

である.

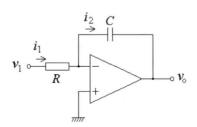

解図 4-4　積分増幅回路解答図

(5) この回路は,**解図 4-5** に示すように反転増幅回路の帰還抵抗を $C$ と $R_2$ の並列回路としたものである.帰還回路のインピーダンスを $Z_\text{f}$ とすると,

$$Z_\text{f} = \frac{R_2 \frac{1}{j\omega C}}{R_2 + \frac{1}{j\omega C}} = \frac{R_2}{1 + j\omega CR_2} \tag{1}$$

となり,

$$v_\mathrm{o} = -\frac{Z_\mathrm{f}}{R_1}v_1 = -\frac{R_2}{R_1(1+j\omega C R_2)} \tag{2}$$

である。また,$A_\mathrm{v} = -\dfrac{R_2}{R_1(1+j\omega C R_2)}$ なので,

$$|A_\mathrm{v}| = \frac{R_2}{R_1}\sqrt{\frac{1}{1+(\omega C R_2)^2}} = \frac{R_2}{R_1}\sqrt{\frac{1}{1+(2\pi f C R_2)^2}} \tag{3}$$

となる。ここで,$f_\mathrm{c} = \dfrac{1}{2\pi C R_2}$ とおけば,

$$|A_\mathrm{v}| = \frac{R_2}{R_1}\sqrt{\frac{1}{1+(\frac{f}{f_\mathrm{c}})^2}} \tag{4}$$

となる。

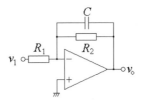

解図 4-5　ローパス・フィルタ回路解答図

(6) 解図 **4-6** のように $v_3$, $v_4$ を考える。OP3 について考えると,

$$v_\mathrm{o} = -\frac{R}{R}(v_3 - v_4) = -(v_3 - v_4) \tag{1}$$

となる。また,OP1 については,重ね合わせの理を用いて,

$$v_3 = -\frac{R_2}{R_1}v_1 + \left(1 + \frac{R_2}{R_1}\right)v_2 \tag{2}$$

さらに,OP2 について考えると,OP1 の場合と同様に,

$$v_4 = \left(1 + \frac{R_2}{R_1}\right)v_1 - \frac{R_2}{R_1}v_2 \tag{3}$$

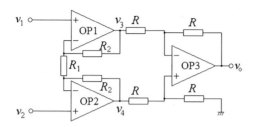

解図 4-6　計装増幅器解答図　　　解図 4-7　反転増幅器解答図

(2),(3) を (1) に代入して,

$$v_o = -\left(1 + 2\frac{R_2}{R_1}\right)(v_1 - v_2) \tag{4}$$

となる。

(7) 反転増幅器の入力インピーダンス $Z_{iO}$ は $10\,\mathrm{k\Omega}$ 以上という条件があるので,式 (4.3) より,$R_1 > 10\,\mathrm{k\Omega}$ とする必要がある。ここでは,余裕を見て $R_1 = 20\,\mathrm{k\Omega}$ とする。よって,式 (4.1) より,

$$R_2 = A_V R_1 = 5 \times 20\,\mathrm{k\Omega} = 100\,\mathrm{k\Omega}。 \qquad R_2 = 100\,\mathrm{k\Omega}$$

となり,解答回路図は**解図 4-7** となる。

(8) 式 (4.19) より

$$dV = 10/2^{12} = 2.44\,\mathrm{mV}。 \qquad dV = 2.44\,\mathrm{mV}$$

(9) 式 (4.18) のナイキストの標本化定理より,$f_{sm} = 2 \times 10\,\mathrm{kHz}$ より,

$$f_{sm} = 20\,\mathrm{kHz}$$

## 引用・参考文献

1) 岡村廸夫:OP アンプ回路の設計,CQ 出版社,1973.
2) 塩沢修:電子回路設計の基礎知識「改訂新版」,CQ 出版社,2005.
3) 井上高広,常田明夫,江口啓:例題で学ぶアナログ電子回路,森北出版,2009.

4) 阿部武雄, 村山実：電気・電子計測 [第 3 版], 森北出版, 2013.
5) 貴家仁志：ディジタル信号処理, 昭晃堂, 1998.
6) http://www.ti.com/lit/ds/symlink/lm741.pdf,／(LM741 データシート) (2018)

# 5章　電圧と電流の測定

ディジタル化が進んだ現代でもアナログ計器は依然として存在価値がある。時計，工場の配電盤や制御盤，発電所での中央制御室内の計器，車のインストルメントパネル，航空機のコックピット，意外とアナログ計器であるメーターの需要がある。なぜだろうか。それは人間工学的にも指針により示された情報は脳で処理しやすいためである。重要な試験のときにアナログ式（針式）の時計の利用は，経過時間や残り時間と解いた問題の分量や，これから解答にかけられる時間の配分が瞬時に把握できるなどの利点もある。

本章では電気電子計測の根幹をなす電圧と電流の測定について，アナログ測定からディジタル測定までを解説する。

## 5.1 指示計器

指示計器（メーター）は，指針によって測定値を表示するアナログ計器である。偏位法により，方式として可動コイル形，可動鉄片形，および高電圧を測定する静電形などがある。表 5-1 に指示計器の測定原理と測定可能範囲および使用例を示す。

### 5.1.1 可動コイル形計器

図 5-1 のように可動コイル形計器では，永久磁石によりつくられる磁束密度 $B$ の磁界中に置かれた可動コイルに電流 $I$ を流すと，コイルには次のような力 $F$ が作用する。

$$F = na\bm{I} \times \bm{B} \tag{5.1}$$

表 5-1 指示計器の測定原理と測定可能範囲

| 種類(形式) | 測定原理 | 電流 [A] | 電圧 [V] | 周波数 [Hz] | 指示 | 計器使用例 |
|---|---|---|---|---|---|---|
| 可動コイル形 | 電磁作用 | $10^{-6}$~$10^2$ | $10^{-2}$~$10^3$ | 直流 | 平均値 | 電流計, 電圧計, 抵抗計, 回転計, 温度計, 検流計, 照度計, 磁束計 |
| 可動鉄片形 | 磁気誘導作用 | $10^{-2}$~$10^2$ | $10$~$10^2$ | 商用~500 | 実効値 | 電流計, 電圧計, 回転計 |
| 静電形 | 静電気の吸引反発作用 |  | $10^2$~$10^5$ | 直流~$10^6$ | 実効値 | 電圧計 |
| 誘導形 | 磁界とそれによって誘起される電流との相互作用 | $10^{-1}$~$10^2$ | $10^0$~$10^3$ | 商用~500 | 実効値 | 電力量計 (電流計, 電圧計, 電力計) |
| 電流力計形 | 電流間に働く力の作用 | $10^{-2}$~$10^2$ | $1$~$10^3$ | 直流~1k | 実効値 | 電力計, 周波数計, 電流計, 電圧計, 力率計 |
| 整流形 | 整流作用 | $10^{-5}$~$10$ | $1$~$10^3$ | 10~10k | 実効値(振れは平均値) | 電流計, 電圧計, 周波数計 |
| 熱電形 | 熱起電力 | $10^{-3}$~$10$ | $1$~$10^2$ | 直流~100M | 実効値 | 電流計, 電圧計, 電力計 |
| 電子電圧計 | 電子回路と直流計器の組合せ |  | $10^{-6}$~$10^3$ | $10^0$~100M | 平均値 実効値 (p-p値) |  |

ここで，$n$ は可動コイルの巻き数，$a$ はコイルの長さで，$b$ はその幅である．コイルに発生するトルクは，

$$\tau = nabIB \tag{5.2}$$

となる．コイルは，ばねによる制御トルク $k\theta$ （$k$ はばね定数，$\theta$ は回転角）と釣り合うところまで回転して静止し，回転軸に取り付けられた指針の位置を目

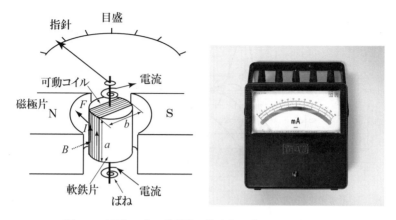

図 5-1 可動コイル形計器の構造と可動コイル形電流計

盛板に示された目盛から読み取ることで測定が行われる。指針の位置を決める回転角 $\theta$ は

$$\theta = \frac{nabB}{k}I \tag{5.3}$$

となり，電流に比例する。回転角 $\theta$ は一定の電流を流して，十分時間経過したときに示されるものである。

原理からもわかるように数 Hz 程度の交流電流に対しては，指針は周波数に応じた応答をするが，20 Hz 以上になるとほとんど振れない。指針の振れに相当するコイルの回転運動は，次の 2 階の微分方程式で表される。

$$J\frac{d^2\theta}{dt^2} + D\frac{d\theta}{dt} + k\theta = Gi \tag{5.4}$$

ここで，$J$ は指針など可動部分の慣性モーメント，$D$ は制動トルク係数，$G(=nabB)$ は駆動トルク係数，$i$ はコイルに流れる電流である。この微分方程式の解は 3 通りあり，回転角 $\theta$ すなわち指針のふれ角もそれに応じて 3 通りの応答をすることになる。図 5-2 は一定の入力を加えたときに，指針のふれ角がどのように応答するかを時間的に示したもので，ステップ応答と呼ばれる。ここで縦軸は定常値（最終値）$\theta_0$ で規格化してあり，横軸（時間軸）は固有角

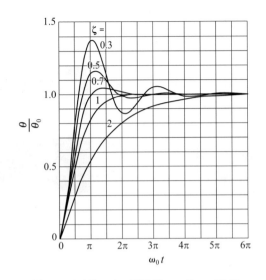

図 5–2　可動コイル形計器のステップ応答

周波数 $\omega_0 = \sqrt{\dfrac{k}{J}}$ と時間 $t$ の積である．図 5–2 より制動比 $\zeta = \dfrac{D + G^2/R}{2J\omega_0}$ が変わると応答が変化することがわかる．$\zeta < 1$ では不足制動で指針は振動する．$\zeta > 1$ では過制動で指針が定常値に落ち着くまでの時間がかかる．$\zeta = 1$ の場合は，臨界制動でもっとも速やかに定常値を示す応答となる．

　可動コイル形計器は，基本的には電流を測定する計器であるが，直列抵抗を挿入して電圧計としても用いられる．

**（1）倍率器・分流器を用いた測定**

　表 5–1 に示した可動コイル形の指示計器における電圧や電流の測定範囲は，計器を単独で用いたときのものである．測定範囲をさらに広くとるための手法として，図 5–3 に示すような**倍率器**と**分流器**の使用がある．

　電圧計として $v_{\max}$ まで測定できる内部抵抗 $r_{\mathrm{v}}$ の可動コイル形電圧計に，抵抗 $R_1$ を直列に入れると測定できる最大電圧 $V_{\max}$ は

$$V_{\max} = \frac{r_{\mathrm{v}} + R_1}{r_{\mathrm{v}}} v_{\max} = \left(1 + \frac{R_1}{r_{\mathrm{v}}}\right) v_{\max} \tag{5.5}$$

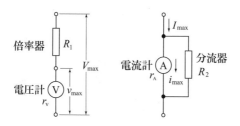

図 5–3 倍率器と分流器の原理

となる．抵抗 $R_1$ は倍率器に用いる抵抗である．より大きな電圧を測定するには抵抗値の大きな倍率器を使えばよいが，抵抗の発熱には注意が必要である．同様に，電流計として $i_{\max}$ まで測定できる内部抵抗 $r_A$ の可動コイル形電流計に，抵抗 $R_2$ を並列に入れると測定できる最大電流 $I_{\max}$ は

$$I_{\max} = \frac{R_2 + r_A}{R_2} i_{\max} = \left(1 + \frac{r_A}{R_2}\right) i_{\max} \tag{5.6}$$

となる．抵抗 $R_2$ は分流器に用いる抵抗である．より大きな電流を測定するには抵抗値の小さな分流器を使えばよいが，この場合も抵抗の発熱には注意が必要である．

### 5.1.2 可動鉄片形計器

図 5–4 のように可動鉄片形計器では，コイルの中に固定鉄片と可動鉄片を配置し，コイルに電流 $i$ を流すと鉄片は磁化されて反発力を生じる．可動鉄片を取り付けた回転軸に発生するトルクは，電流の 2 乗に比例して

$$\tau = \frac{1}{2}\left(\frac{\partial L}{\partial \theta}\right) i^2 \tag{5.7}$$

となる．ここで $L$ はコイルの自己インダクタンスである．このトルクがばねによる制御トルク $k\theta$ と釣り合うことで指針の位置を決めるので，回転角 $\theta$ は

$$\theta = \frac{1}{2k}\left(\frac{\partial L}{\partial \theta}\right) i^2 \tag{5.8}$$

となり，電流の 2 乗が指示される．電流 $i$ が $i = I_M \sin\omega t$ のような交流電流の

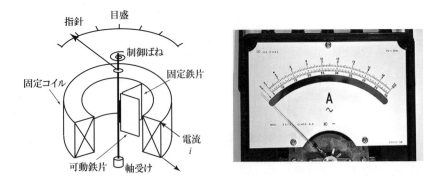

図 5–4　可動鉄片形計器の構造と可動鉄片形電流計の目盛板

ときは，振れは $i^2$ の平均値

$$\frac{1}{T}\int_0^T i^2 dt = \frac{I_M{}^2}{2} \tag{5.9}$$

に応答して

$$\theta = \frac{1}{2k}\left(\frac{\partial L}{\partial \theta}\right)\left(\frac{I_M}{\sqrt{2}}\right)^2 \tag{5.10}$$

となる．したがって，実効値の 2 乗に比例する．もし $\partial L/\partial \theta$ が一定ならば 2 乗目盛となるが，$\partial L/\partial \theta = K/\theta$ となるように設計して，通常は等分目盛にして実効値が直読できるようにされている（図 5–4 の目盛板の写真参照）．

### 5.1.3　整流形計器

図 5–5 のように，整流器と可動コイル形計器を組み合わせた方式のものを整流形計器という．

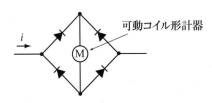

図 5–5　整流形計器の原理

## 5.1.4 電流力計形計器

図 5-6 のように電流力計形計器では,固定コイルに流れる電流 $I_F$ によって生じる磁束密度 $B$ の磁界中の可動コイルに電流 $I_M$ が流れると可動コイルには次のような力 $F$ が作用する。

$$F = K I_F I_M \quad (\text{K:定数}) \tag{5.11}$$

この電磁力を駆動トルクとする指示計器である。駆動トルクは両コイルの電流の積に比例する。固定コイルに電流を流し,可動コイルに電圧に比例する電流 ($I_M = V/R$) を流すと指針は電力を示すことになる (6.1.3 を参照)。

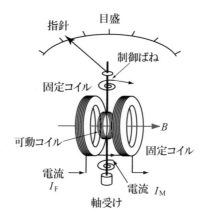

図 5-6 電流力計形計器の構造

## 5.1.5 熱電形計器

図 5-7 は熱電対を用いる熱電形計器の原理図である。真空の容器内の抵抗 $R$ の電熱線に電流 $i$ が流れるとジュール熱 $i^2 R$ により線の温度上昇が起きる。

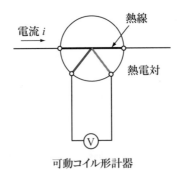

図 5-7 熱電形計器の原理

熱電対により発熱による熱起電力を可動コイル形計器または電子電圧計で測定する。

#### 5.1.6 静電形計器

静電形計器は，帯電した電極間に働く静電気力を利用した計器で，主に高電圧の測定に使われる。図 5-8 のように平行平板の電極系において，接地側の電極は中央部の可動電極とガード電極よりなる。両電極間に蓄えられるエネルギー $W$ は

$$W = \frac{1}{2}CV^2 \qquad (5.12)$$

となる。ここで，$C$ は電極間の静電容量，$V$ は印加される測定電圧である。可動電極が $x$ だけ吸引されて動いたとすると，その吸引力 $F$ は次式となる。

$$F = \frac{dW}{dx} = \frac{1}{2}\left(\frac{dC}{dx}\right)V^2 \qquad (5.13)$$

吸引力 $F$ は電圧の 2 乗に比例する。交流電圧の場合は，実効値の 2 乗に比例する。$dC/dx = K/\theta$ とすれば等分目盛となる。

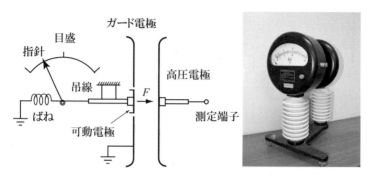

図 5-8　静電形計器の構造と静電電圧計

## 5.2　電位差計

電位差計は零位法により直流電圧を測定する計測器である。図 5-9 に原理を示す。まず電源 $E$ により電流 $I$ を流す。次にスイッチ $S$ を標準電圧 $E_s$ 側に閉じて可変抵抗 $R$ を調整して検流計 G に電流が流れないようにすると

$$E_s = R_s I = k l_s I \tag{5.14}$$

となる。ここで $R_s$ は長さ $l_s$ の抵抗，$k$ は定数である。次にスイッチ $S$ を未知電圧 $E_x$ 側に閉じて可変抵抗を調整して検流計 G に電流が流れないようにすると

$$E_x = R_x I = k l_x I \tag{5.15}$$

となる。ここで $R_x$ は長さ $l_x$ の抵抗である。式 (5.14), (5.15) より

$$E_x = \frac{R_x}{R_s} E_s = \frac{l_x}{l_s} E_s \tag{5.16}$$

が得られ，未知電圧 $E_x$ が長さの比 $l_x/l_s$ と標準電圧 $E_s$ より測定できる。

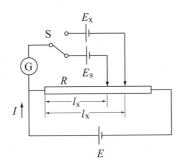

図 5–9　電位差計の原理

## 5.3　ディジタル計器

　測定値が直読できるディジタル計器は，読み取り誤差がないという利点がある．ここでは電気電子計測において重宝する**テスタ**について見てみよう．テスタはスイッチにより内部の計測回路を切り替えることで直流および交流の電圧，電流および抵抗を測る可搬形の汎用計測器である．指針によるアナログ式のテスタもあるが，現在ではディジタル式のテスタが主流となっている．多機能機種では，コンデンサの静電容量や温度，周波数なども測定でき，DMM（digital multimeter：ディジタル・マルチメータ）とも呼ばれる．ディジタル計器の基本構成を図 **5–10** に示す．入力信号変換部は，測定端子に加えられた被測定量（電気量）を適当な大きさの直流電圧に変換する．AD 変換部は，アナログ量をディジタル量に変換する回路からなり，変換速度はやや遅いが直線性や精度が優れている二重積分型の AD 変換器が用いられることが多い．表示部では，ディジタル変換された計測量を LCD（液晶ディスプレイ）や LED（発光ダイオード）を用いて表示する．ディジタル・マルチメータにおいて測定値が頻繁に変化すると値を読むことができなくなるため，バー・グラフ表示を追加したものもある．

　図 **5–11** はポータブル型ディジタル・マルチメータ（テスタ）を示す．最近のディジタル・マルチメータは，**真の実効値**（true rms）といって波形によら

ず常に実効値を表示するタイプのものが多くなっている。

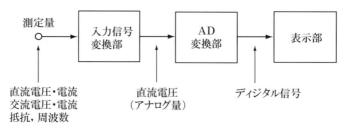

図 5-10　ディジタル計器の基本構成

図 5-11　ポータブル型ディジタル・マルチメータ（テスタ）

## 演習問題

(1) 式 (5.4) の2階の微分方程式を解いて，3つの指針の触れを求めなさい。
(2) 問図 **5-1** のような波形を有する電流の平均値（絶対平均値）と実効値を求めなさい。

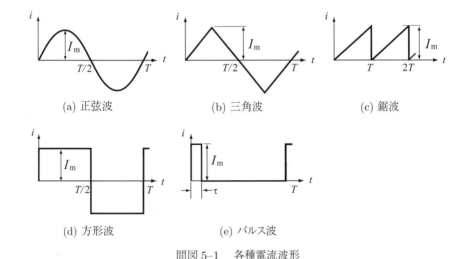

問図 5-1　各種電流波形

(3) ディジタル計器の特徴をあげなさい．
(4) ディジタル計器のカタログに表示桁数が 6 1/2 桁と書かれている場合，これはどういう意味であるか．

## 実習；Let's active learning!

(1) 本文中で説明した電圧の計測は，メーターに電流（電荷の移動）が流れることによる．静電気は電荷が移動しない状態にある．この場合の電位計測について調べてみよう．
(2) ディジタル・マルチメータ（DMM）と同様な多機能計器として，エレクトロメータがある．エレクトロメータと DMM の機能や特徴を調べて比較してみよう．

## 演習解答

(1) コイルの抵抗を $R$，直流入力電圧を $E$ とすると

$$E = iR + G\frac{d\theta}{dt}$$

より，流れる電流 $i$ が得られるので，これを式 (5.4) に代入して整理すると

$$J\frac{d^2\theta}{dt^2} + K\frac{d\theta}{dt} + k\theta - \frac{GE}{R} = 0$$
$$K = D + \frac{G^2}{R}$$

となる．ここで，初期条件として

$$t=0\,(\text{ゼロ}),\quad \theta=0\,(\text{ゼロ}),\quad d\theta/dt=0\,(\text{ゼロ})$$

のもとに解くと，指針の振れは，制動率 $\alpha = K/2J$ と固有角周波数 $\omega_0 = (k/J)^{1/2}$ の比である制動比 $\zeta = \dfrac{K}{2J\omega_0}$ より以下の 3 つの場合に分けられる．

(1) $\zeta < 1$ の場合（不足制動：$\alpha < \omega_0$）

$$\theta = \theta_0\left\{1 - \frac{e^{-\alpha t}}{\cos\varphi}\cos(\beta t - \varphi)\right\}\quad \beta = \left(\omega_0^2 - \alpha^2\right)^{1/2}\quad \varphi = \tan^{-1}\frac{\alpha}{\beta}$$

(2) $\zeta > 1$ の場合（過制動：$\alpha > \omega_0$）

$$\theta = \theta_0\left\{1 - \frac{e^{-\alpha t}}{\cos h\varphi}\cos h(\beta' t - \varphi')\right\}\quad \beta' = \left(\alpha^2 - \omega_0^2\right)^{1/2}$$
$$\varphi = \tan h^{-1}\frac{\alpha}{\beta'}$$

(3) $\zeta = 1$ の場合（臨界制動：$\alpha = \omega_0$）

$$\theta = \theta_0\left\{1 - (1+\alpha t)e^{-\alpha t}\right\}$$

(2) (a) 平均値* $2I_\mathrm{m}/\pi$，実効値 $I_\mathrm{m}/\sqrt{2}$
 (b) 平均値* $I_\mathrm{m}/2$，実効値 $I_\mathrm{m}/\sqrt{3}$
 (c) 平均値 $I_\mathrm{m}/2$，実効値 $I_\mathrm{m}/\sqrt{3}$
 (d) 平均値* $I_\mathrm{m}$，実効値 $I_\mathrm{m}$
 (e) 平均値 $\dfrac{\tau}{T}I_\mathrm{m}$，実効値 $\sqrt{\dfrac{\tau}{T}}I_\mathrm{m}$

＊平均値は電流の絶対値を1周期にわたって平均した値（絶対平均値）

(3) 1) 測定値がそのまま数値で表示されるので，読取り誤差がなく，測定時間が短くなる。

2) アナログ機器は有効数字が2～3桁程度であるが，ディジタル計器は有効数字が3～6桁あり，高精度の測定ができる。

3) 測定値がディジタルデータになっているので，測定値の表示だけでなく，コンピュータなどに測定値を保存して演算処理などが容易に行える。

4) アナログ計器は単機能のものが多いが，ディジタル計器は多機能の計器やいろいろの物理量を1台の計器で測定できるものが多い。

5) 入力変換部の入力抵抗が高いので測定する回路に影響を与えにくい。さらにアナログ計器に比べて過電圧，過電流などの保護が可能である。

6) アナログ計器は測定量の連続的変化を指針の振れで視覚的に判断できるが，ディジタル計器では測定量が数値で表示されるため，変化する様子を直観的に判断しにくい。

(4) 6 1/2桁の1/2とは，最上位桁が0か1の表示であり，6は，最上位未満の桁数が6桁あることを示している。下の6桁は000000から999999までのすべての数字が表示される。


**引用・参考文献**

1) 山口次郎，前田憲一，平井平八郎：大学課程 電気電子計測，オーム社，1990.
2) 日野太郎：電気計測，朝倉書店，1995.
3) 高橋寛，熊谷文宏：絵ときでわかる電気電子計測，オーム社，2003.
4) 阿部武雄，村山実：電気・電子計測，森北出版，2012.

# 6章　電力と電力量の測定

われわれの日々の生活は電気に頼っている。電気エネルギーはライフラインとして重要であることは疑いない。

本章では電力と電力量を理解し，電気料金について学ぶ。さらに「スマートメーター」とそれを活用する「スマートホーム」(「スマートハウス」：エネルギー管理に着目した場合はこちらで呼ばれることが多い) についても紹介する。

## 6.1 電力の計測

### 6.1.1 直流回路での電力測定

直流電力を測定するには，電圧計と電流計でそれぞれ電圧 $V$ と電流 $I$ を測定して，その積 $VI$ により電力 $P$ が求められる。電圧計と電流計のどちらを負荷側に接続するかで図 6–1 のように 2 通りの方法がある。図 6–1 (a) では，負荷で消費される電力 $P_L$ は

$$P_L = V_L I_L = V_L (I - I_V) = V_L I - \frac{V_L^2}{R_V} = P - \frac{V_L^2}{R_V} \tag{6.1}$$

となる。ここで，$V_L$ は負荷電圧，$I_L$ は負荷電流で，$R_V$ は電圧計の内部抵抗である。式 (6.1) において電圧計と電流計の読みの積は $P = V_L I$ であり，電圧計の内部抵抗による誤差が生じる。一方，図 6–1 (b) では，負荷で消費される電力 $P_L$ は

$$P_L = V_L I_L = (V - V_A) I_L = V I_L - R_A I_L^2 = P - R_A I_L^2 \tag{6.2}$$

となる。ここで，$R_A$ は電流計の内部抵抗である。式 (6.2) において電圧計と電流計の読みの積は $P = V I_L$ であり，電流計の内部抵抗による誤差が生じる。

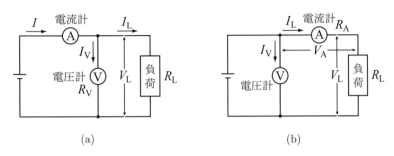

図 6–1　電圧計と電流計による電力の測定

2つの回路の使い分けは，負荷抵抗 $R_L$ が小さいときは (a) の回路を，負荷抵抗 $R_L$ が大きいときは (b) の回路を選択するほうが誤差は小さくなる（誤差については演習問題 (1) を参照）。

### 6.1.2　交流回路での電力測定

交流電圧 $v(t)$ を負荷に加えたときに流れる電流 $i(t)$ とすると

$$v(t) = \sqrt{2}V \sin \omega t \quad [\text{V}] \tag{6.3}$$

$$i(t) = \sqrt{2}I \sin (\omega t - \varphi) \quad [\text{A}] \tag{6.4}$$

と表される。これより**有効電力** $P$ (active power, effective power) と**無効電力** $P_r$ (reactive power) および皮相電力 $P_a$ (apparent power) は

$$P = VI \cos \varphi \quad [\text{W}] \tag{6.5}$$

$$P_r = VI \sin \varphi \quad [\text{var}] \tag{6.6}$$

$$P_a = VI \quad [\text{VA}] \tag{6.7}$$

となる。有効電力は実際に負荷（抵抗分）で消費される電力である。無効電力はリアクタンス（インダクタやコンデンサ）に蓄えられた電力であるが，電圧の変化に伴って電源に送り返される。皮相電力は見かけの電力である。さらに**力率** (power factor) は

$$\cos\varphi = \frac{P}{P_\mathrm{a}} \tag{6.8}$$

と定義される。

## (1) 3電圧計法

電圧計を3個用いて図6–2の回路により電力を測定する方法を**3電圧計法**と呼ぶ。3個の電圧計で $V_1$, $V_2$, $V_3$ を測定すれば，ベクトル図（負荷が誘導性とすると負荷電流 $I$ は負荷電圧 $V_1$ より位相 $\varphi$ だけ遅れる）から

$$\begin{aligned} V_3^2 &= V_1^2 + V_2^2 - 2V_1V_2\cos(\pi - \varphi) \\ &= V_1^2 + V_2^2 + 2V_1V_2\cos\varphi \end{aligned} \tag{6.9}$$

の関係より，負荷の力率 $\cos\varphi$ は

$$\cos\varphi = \frac{V_3^2 - V_1^2 - V_2^2}{2V_1V_2} \tag{6.10}$$

となる。また，消費電力 $P$ は次のように求まる。

$$P = V_1 I \cos\varphi = \frac{V_1 V_2}{R}\cos\varphi = \frac{V_3^2 - V_1^2 - V_2^2}{2R} \tag{6.11}$$

ここで $R$ は値のわかっている抵抗である。

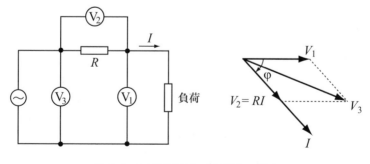

図 6–2　3電圧計法による電力の測定

## (2) 3電流計法

同様にして，電流計を3個用いて図6–3の回路により電力を測定する方法を **3電流計法** と呼ぶ．3個の電流計で $I_1$, $I_2$, $I_3$ を測定すれば，誘導性負荷の場合，ベクトル図から

$$I_3^2 = I_1^2 + I_2^2 + 2I_1 I_2 \cos\varphi \tag{6.12}$$

の関係より，負荷の力率 $\cos\varphi$ は

$$\cos\varphi = \frac{I_3^2 - I_1^2 - I_2^2}{2I_1 I_2} \tag{6.13}$$

となり，消費電力 $P$ は次のように求まる．

$$P = VI_1 \cos\varphi = I_1 I_2 R \cos\varphi = \frac{R\left(I_3^2 - I_1^2 - I_2^2\right)}{2} \tag{6.14}$$

このように3電圧計法や3電流計法は間接法による測定であり，低周波数の交流電力の測定において有効である．

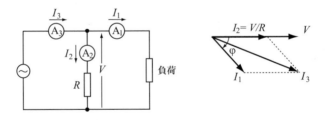

図 6–3　3電流計法による電力の測定

### 6.1.3 単相電力の測定（電流力計形計器による電力測定）

電力を計測する計器として電流力計形計器がよく用いられる（5.1.4 を参照）．図 6–4 のように固定コイルに負荷電流を流し，高抵抗 $R$ を直列につないだ可動コイルに負荷電圧 $V$ を加えると可動コイルには電流が流れ，式 (5.11) で示された駆動力 $F$ が働く．コイルに発生するトルクは，

# 6.1 電力の計測

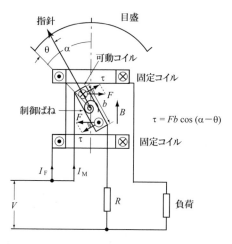

図 6–4 電流力計形計器を利用した電力計の構造

$$\tau = Fb\cos(\alpha-\theta) = KI_\mathrm{F} I_\mathrm{M} b \cos(\alpha-\theta) \tag{6.15}$$

となる．ここで，$\alpha$ は固定コイルがつくる磁束の向きと指針の初期方向とのなす角度である．この駆動トルクがばねによる制御トルク $k\theta$ と釣り合うことで，指針の振れ角 $\theta$ は次式で与えられる．

$$\theta = \frac{K}{k} I_\mathrm{F} I_\mathrm{M} b \cos(\alpha-\theta) = k' V I_\mathrm{F} b \cos(\alpha-\theta) \tag{6.16}$$

よって，直接法により直流と交流の電力が測定できる．振れ角は負荷電力 $P$（$=VI_\mathrm{F}$）に比例した平等目盛として表示される．なお，電流力計形計器を用いれば直流電力の測定も直接測定できる．

### 6.1.4 三相電力の測定

一般に $n$ 本の電線により運ばれる電力は $(n-1)$ 個の単相電力計で測定できる．これを**ブロンデルの定理**（Blondel's theorem）という．したがって，三相電力は，2 個の電力計で測定できる．図 **6–5** に示すように，3 本の電線により運ばれる瞬時電力は

$$p = v_1 i_1 + v_2 i_2 + v_3 i_3 \tag{6.17}$$

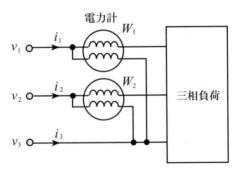

図 6–5　三相電力の測定

となる．各線の電流の間にはキルヒホッフの第一法則より次の関係が成立する．

$$i_1 + i_2 + i_3 = 0 \tag{6.18}$$

3 番目の電線を帰線とすると

$$i_3 = -i_1 - i_2 \tag{6.19}$$

となり，この関係を式 (6.17) に適用すると

$$p = (v_1 - v_3)\, i_1 + (v_2 - v_3)\, i_2 \tag{6.20}$$

となる．よって三相負荷で消費される電力 $P$ は

$$P = \frac{1}{T}\int_0^T (v_1 - v_3)\, i_1 dt + \frac{1}{T}\int_0^T (v_2 - v_3)\, i_2 dt \tag{6.21}$$
$$= P_1 + P_2$$

となる．ここで $P_1$ と $P_2$ は電力計 $W_1$ と $W_2$ の指示値である．この関係は，負荷の平衡・不平衡にかかわらず成立する．ただし，負荷の力率が 0.5 以下のときは片方の電力計の針が逆方向に振れる．その際は電圧コイルの接続を入れ替えて針を正方向に振らせて，その指示値をもう片方の電力計の指示値から差し引いて三相電力を計算する．

## 6.2 電力量の計測

電力とは瞬間の値である。電力を時間的に積算したものが電力量である。電気料金の計算は電力量で決まるため，われわれの生活に身近なものである。ここでは古くから使用されてきた**誘導形電力量計**とそれに代わる**電子式電力量計**について説明する。さらに導入が進められている**スマートメーター**についても学ぶ。

### 6.2.1 誘導形電力量計

誘導形電力量計の原理図を図 **6-6** に示す。構造は電圧コイルと電流コイルの間にアルミニウム製の回転円板を置いたものよりなる。負荷電圧 $V$ により磁束 $\phi_V$ が発生し，負荷電流 $I$ により磁束 $\phi_C$ と $-\phi_C$ が発生する。電圧コイルは巻数が多く，インダクタンスが大きいので，磁束 $\phi_V$ は負荷電圧 $V$ より 90°（$\pi/2$）位相が遅れ，回転円板には $\phi_C \to \phi_V \to -\phi_C$ の順番で磁束が発生する。さらに磁束 $\phi_C$, $\phi_V$, $-\phi_C$ が時間的に変化するので，円板上には磁束より 90° 位相が遅れたうず電流 $i_C$, $i_V$, $-i_C$ が発生し，磁束との相互作用によりトルクを生じる。これはアルミニウム製の回転円板の下で永久磁石を動かしたときと同じ現象（**アラゴの円盤**）であり，円板は移動磁界の方向にトルクを受けて回転する。円板に働くトルク $\tau_d$ は

$$\tau_d = k_d V I \cos\varphi \tag{6.22}$$

となる。ここで $k_d$ は比例定数である。一方，回転する円板には永久磁石により回転速度 $\omega$ に比例する制御トルク $k_c \omega$（$k_c$ は比例定数）が働く。したがって，回転速度 $\omega$ は駆動トルクと制御トルクが等しくなるように決まり

$$\omega = \frac{k_d}{k_c} V I \cos\varphi = K V I \cos\varphi \tag{6.23}$$

となり，円板は負荷の瞬時電力に比例した速度で回転する。円板の回転数 $N$ は，

$$N = \int \omega dt = K \int V I \cos\varphi dt = K \int P dt \tag{6.24}$$

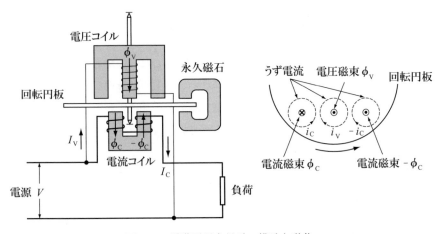

図 6–6　誘導形電力量計の構造と動作

となり，有効電力 $P = VI\cos\varphi$ を時間積分した電力量として積算される。回転数は計量装置に接続されており，電力量が数値で表示される。表示の単位には kWh が用いられる。1ヶ月の使用電力量によって電気料金が算定される。

### 6.2.2　電子式電力量計

100年の歴史をもつ誘導形電力量計から，電子回路により電力を計測して電力量を演算する電子式電力量計の利用が増えている。電子式電力量計は電圧・電流の乗算を乗算器で行っており，アナログ乗算方式（時分割乗算回路）とディジタル乗算方式（AD変換乗算方式（**図 6–7**），ホール素子乗算（**図 6–8**））の2種類がある。

ここでは現在主に使用されているディジタル乗算方式について説明する。AD変換乗算方式では，入力された電圧と電流をそれぞれAD変換器でディジタル量に変換し，得られた値の積が瞬時電力となり，それを積算することで電力量を求めて液晶パネル上に表示している。ホール素子乗算方式では，ホール素子の入力端子に入力電圧に比例した電流を流し，ホール素子のセンサ面に負荷電流に比例した磁束を加えることで，出力端子にホール電流と磁束の積に比例し

6.2 電力量の計測

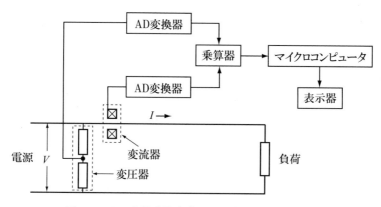

図 6–7　AD 変換乗算方式の電子式電力量計の構造

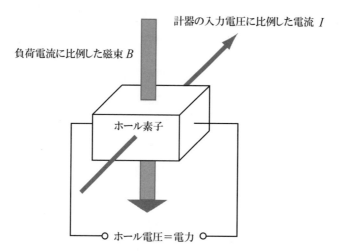

図 6–8　ホール素子乗算方式の原理（ホール効果）

たホール電圧が発生する．このホール電圧が電力に比例するため，その電圧波形を AD 変換器でディジタル量に変換して電力量を算出している．電子式電力量計では，計測した数字を複数表示することや，電力を時間帯別に計測して記憶することができる．

### 6.2.3 スマートメーター（smart meter）

電力事業者が電力需要をより正確に把握することは，電力の需要と供給のバランスを適切に維持していくために重要なことである．図 6–9 のようにスマートメーターは，電子式電力量計をもとに電力を正確に計測することに加えて，電力の使用状況をデータとして情報収集し，ネットワークにより電力会社との双方向の通信機能をもっている．従来は検針員が月に 1 回の頻度で積算形電力量計のメーターの数字を確認して，前回との差分で電気の使用量を計算していたが，スマートメーターでは 30 分単位の使用量を計測して電力会社にデータを送るようになっている．これにより検針業務の自動化が図れる．さらに **HEMS**（home energy management system）機器を介してエネルギーの見える化や家電製品（電気製品）の遠隔操作も可能である．このようにネットワークに組み込んだものがスマートメーターであり，スマートグリッドを構築するために必

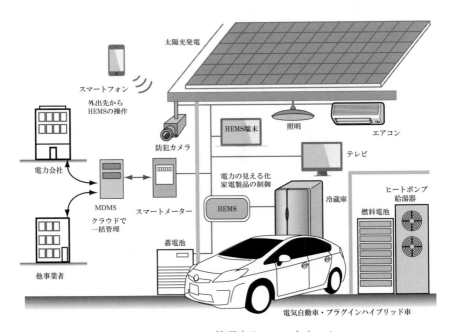

図 6–9　HEMS で管理するスマートホーム

要な制御装置となっている．スマートメーターで計測した検針データを管理する MDMS (meter data management system) により，ビッグデータをクラウドで管理し，そのデータは電力会社等に送られる．

### 演習問題

(1) 図 6–1 の (a) の回路と (b) の回路において相対誤差を求めて，どちらの回路を使用すべきか検討しなさい．

(2) 図 6–2 の回路において負荷電流 $I$ を基準ベクトルにして式 (6.9) を導きなさい．

(3) 図 6–3 の回路において抵抗 $R = 10\,\Omega$ で，3 個の電流計の指示値がそれぞれ $I_1 = 10\,\mathrm{A}$，$I_2 = 10\,\mathrm{A}$，$I_1 = 19\,\mathrm{A}$ のとき，負荷の力率と消費電力を求めなさい．

(4) 問図 6–1 は平衡三相回路における電圧と電流のベクトル図である．負荷の消費電力と力率を求めなさい．

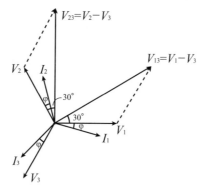

問図 6–1　平衡三相回路における電圧と電流の関係

(5) 図 6–4 の単相電力計では有効電力が測定される．回路を工夫して無効電力を測定できるようにしなさい．

## 実習；*Let's active learning!*

(1) アラゴの円盤について調べてみよう．
(2) 図 6–9 で紹介したスマートホームにおける電気製品のモニタやリモート操作について，どのようなことが行われるのか説明しなさい．

## 演習解答

(1) 図 6.1 の (a) の回路の相対誤差 $\varepsilon_\mathrm{a}$ は

$$\varepsilon_\mathrm{a} = \frac{|P - P_\mathrm{L}|}{P_\mathrm{L}} = \frac{R_\mathrm{L}}{R_\mathrm{V}}$$

となり，(b) の回路では相対誤差 $\varepsilon_\mathrm{b}$ は

$$\varepsilon_\mathrm{b} = \frac{|P - P_\mathrm{L}|}{P_\mathrm{L}} = \frac{R_\mathrm{A}}{R_\mathrm{L}}$$

となる．電圧計の内部抵抗 $R_\mathrm{V}$ が無限大，電流計の内部抵抗 $R_\mathrm{A}$ が零の理想条件では誤差は生じないが，実際にはそれぞれある有限な値をとるため，負荷抵抗 $R_\mathrm{L}$ との関係で誤差がより小さくなる回路を選択するとよい．

(2) 解図 **6–1** より，ピタゴラスの定理から

$$\begin{aligned}V_3^2 &= (V_2 + V_1 \cos\varphi)^2 + (V_1 \sin\varphi)^2 \\ &= V_2^2 + 2V_1 V_2 \cos\varphi + V_1^2\end{aligned}$$

となる．または，$V_1$, $V_2$, $V_3$ からなる三角形に余弦定理を適用してもよい．

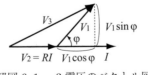

解図 6–1　3 電圧のベクトル図

(3) 力率 $\cos\phi = 0.805$，消費電力 $P = 805\,\mathrm{W}$

(4) ベクトル図より電力 $P$ は

$$P = P_1 + P_2 = V_{13}I_1\cos(\varphi + 30°) + V_{23}I_2\cos(\varphi - 30°)$$

三相平衡負荷の場合,線間電圧は $V_{13} = V_{23}$,線電流は $I_1 = I_2$ なので,それぞれと $V$,$I$ とおけば

$$P = P_1 + P_2 = \sqrt{3}VI\cos\varphi$$

となって三相電力が求められる。

ここで $P_2 - P_1 = VI\sin\varphi$ と上式から

$$\tan\varphi = \sqrt{3}\frac{P_2 - P_1}{P_1 + P_2}$$

が得られる。よって,力率は

$$\cos\varphi = \frac{P_1 + P_2}{2\sqrt{P_1^2 - P_1P_2 + P_2^2}}$$

となる。

(5) 電力計の電圧コイルの直列抵抗 $R$ の代わりに,インダスタンス $L$ を接続して調整すれば,単相無効電力計ができる。

## 引用・参考文献
1) 大浦宣徳,関根松夫:電気・電子計測,昭晃堂,1992.
2) 山口次郎,前田憲一,平井平八郎:大学課程 電気電子計測,オーム社,1990.
3) 山崎弘郎:電気電子計測の基礎―誤差から不確かさへ―,オーム社,2005.
4) 菊池正典:IoT を支える技術,サイエンス・アイ新書,2017.

# 7章 抵抗とインピーダンスの測定

本章では電気電子計測において電流,電圧と並んで測定する頻度が高い抵抗の測定法とインピーダンスの計測法について学ぶ。また,これらに関連するQメータやLCRメータの測定原理について学ぶ。

## 7.1 抵抗計の分類

抵抗計はオーム計（ohmmeter）ともいい,電気抵抗を測定する目的の計器であり,抵抗値によって適した計測方法がある（**表7–1**）。近年では$100\,\mu\Omega$から$100\,\mathrm{M}\Omega$の広範囲の抵抗を精度良く測定できる**ディジタル・マルチメータ**を用いた抵抗測定が主流となっている。ここでは昔から用いられてきた測定法,ディジタル・マルチメータでは測定できないほどの低抵抗および高抵抗の測定法について述べる。

表 7–1 抵抗器の測定範囲による分類

| 抵抗値の測定範囲 | 種類 | 用途 |
|---|---|---|
| 低抵抗（$1\,\Omega$ 以下） | 接地抵抗計 | 接触抵抗測定<br>接地抵抗測定 |
| 中抵抗（$1\,\Omega\sim 1\,\mathrm{M}\Omega$） | 抵抗計（オームメータ） | 電気回路,電子回路の抵抗測定 |
| 高抵抗（$1\,\mathrm{M}\Omega$ 以上） | 絶縁抵抗計 | 絶縁物の測定<br>電気回路,電子回路の絶縁測定 |

## 7.2 中抵抗の測定

$1\,\Omega$から$1\,\mathrm{M}\Omega$程度までの抵抗器や配線抵抗の測定には,オームの法則を用いた電圧降下法（電圧・電流計法）やホイートストンブリッジ法が用いられる。これらについて解説する。

### 7.2.1 電圧降下法

電圧降下法（voltage-drop method）とは，電圧計と電流計を用いて測定対象の抵抗 $R$ の両端の電圧 $V$ とそこに流れる電流 $I$ からオームの法則によって抵抗値を求める方法で，間接測定に分類される．

$$R = \frac{V}{I} \quad [\Omega] \tag{7.1}$$

電圧降下法は測定対象に電流を流したままで測定できるため，動的特性や非線形抵抗の測定にも利用できる．

測定対象 $R$ に対して電圧計と電流計の接続方法には**図 7–1** のように 2 通りがある．理想的な計器ならば，どちらの接続方法でも正しく抵抗値を求めることができる．しかし，計器には**図 7–2** および**図 7–3** のように内部抵抗が存在するため，測定に影響を与える．この計器の内部抵抗による影響を**負荷効果**（load effect）という．各接続方法において，負荷効果（計器の内部抵抗）を考慮した測定について考察する．電圧計と電流計の内部抵抗をそれぞれ $r_v$，$r_a$，電圧計と電流計の指示値をそれぞれ $V$ [V]，$I$ [A] とする．**図 7–1(a)** および **(b)** の接続方法で内部抵抗を考慮したときに求まる抵抗値をそれぞれ $R_a$，$R_b$ とし，理想計器とした場合に求まる抵抗値（真値）$R = V/I$ とすると

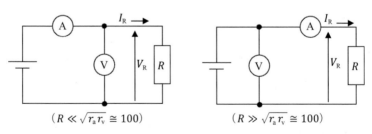

(a) 抵抗が小さい場合の接続　　(b) 抵抗が大きい場合の接続

図 7–1　電圧降下法の結線

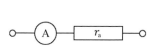
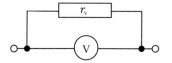

図 7–2　電流計の等価回路　　図 7–3　電圧計の等価回路

$$R_\mathrm{a} = \frac{V}{I_\mathrm{R}} = \frac{V}{I - \frac{V}{r_\mathrm{v}}} = \frac{R r_\mathrm{v}}{r_\mathrm{v} - R} \tag{7.2}$$

$$R_\mathrm{b} = \frac{V_\mathrm{R}}{I} = \frac{V - r_\mathrm{a} I}{I} = R - r_\mathrm{a} \tag{7.3}$$

で表される。両接続方法における真値 $R$ に対する誤差（相対誤差）の大きさは

$$\varepsilon_\mathrm{a} = \left| \frac{R_\mathrm{a} - R}{R} \right| = \frac{R}{r_\mathrm{v} - R} \tag{7.4}$$

$$\varepsilon_\mathrm{b} = \left| \frac{R_\mathrm{b} - R}{R} \right| = \frac{r_\mathrm{a}}{R} \tag{7.5}$$

となる。誤差 $\varepsilon_\mathrm{a}$ と $\varepsilon_\mathrm{b}$ は測定対象（抵抗 $R$）の大きさによって変化する。一般的に電圧計の内部抵抗 $r_\mathrm{v}$ は数 kΩ〜数十 MΩ，電流計の内部抵抗 $r_\mathrm{a}$ は数 mΩ〜数 Ω 程度である。両接続方法での誤差（$\varepsilon_\mathrm{a}$ と $\varepsilon_\mathrm{b}$）が同程度となる測定対象の抵抗 $R$ の条件は，$r_\mathrm{a} \ll r_\mathrm{v}$ で近似して求めると，$R = \sqrt{r_\mathrm{a} r_\mathrm{v}}$（100 Ω 程度）となる。以上より，$R \ll \sqrt{r_\mathrm{a} r_\mathrm{v}}$ の小さな抵抗を測定する場合は図 **7–1(a)** の接続方法を，$R \gg \sqrt{r_\mathrm{a} r_\mathrm{v}}$ の大きな抵抗を測定する場合は同図 (b) の接続方法を用いることで精度良く測定できることがわかる。

---

**例題 7.1**　図 **7–1(a)** の結線で電圧計は 10 V，電流計は 10 mA を示した。抵抗 $R$ を求めなさい。ただし，電圧計の内部抵抗は 10 kΩ，電流計の内部抵抗は 1.0 Ω とする。

**解答**　電圧計の測定値 $V$ は抵抗の端子電圧である。また，電流計の測定値 $I$ は抵抗 $R$ に流れる電流 $I_\mathrm{R}$ と電圧計に流れる電流 $I_\mathrm{V}$ を含むため，抵抗 $R$ に流れる電流 $I_\mathrm{R}$ は測定値 $I$ から電圧計に流れる電流 $I_\mathrm{V} = V/R_\mathrm{V}$ = 10/10000 = 0.001 A

を差し引いた値となる．電圧 $V$ を電流 $I_R$ で割ることで抵抗値を算出する．

$$R = \frac{V}{I - \frac{V}{R_V}} = \frac{10}{10 \times 10^{-3} - \frac{10}{1 \times 10^4}} = 1.1\,\text{k}\Omega \qquad (例\,7.1)$$

以上より，抵抗 $R$ は $1.1\,\text{k}\Omega$ となる．

───────────○──────────────○───────────

**例題 7.2** 図 7–1(b) の結線で電圧計は $10\,\text{V}$，電流計は $10\,\text{mA}$ を示した．抵抗 $R$ を求めなさい．ただし，電圧計の内部抵抗は $10\,\text{k}\Omega$，電流計の内部抵抗は $1.0\,\Omega$ とする．

**解答** 電流計の測定値 $I$ は抵抗に流れる電流である．また，電圧計の測定値 $V$ は抵抗 $R$ の端子電圧 $V_R$ と電流計の端子電圧 $V_A$ を含むため，抵抗 $R$ の端子電圧 $V_R$ は測定値 $V$ から電流計の内部抵抗による電圧降下分 $V_A = IR_A = 10 \times 10^{-3} \times 1.0 = 0.01\,\text{V}$ を差し引いた値となる．この値を電流 $I$ で割ることで抵抗値を算出する．

$$R = \frac{V_R}{I} = \frac{V - IR_A}{I} = \frac{10 - 10 \times 10^{-3} \times 1.0}{10 \times 10^{-3}} = 999\,\Omega \qquad (例\,7.2)$$

以上より，抵抗 $R$ は $999\,\Omega$ となる．

例題 7.1 と 7.2 から計器の指示値が同じであっても計器の接続位置で抵抗の計算結果が異なることがわかる．この場合は例題 7.2 の測定が適している．

### 7.2.2 抵抗計

抵抗計とは一般的な回路計（テスタ，tester）のことで，アナログ計器とディジタル計器がある．アナログ抵抗計は図 7–4 のように構成され，測定対象の両端に一定電圧を印加したときの電流の目盛を抵抗値に読み換えて測定する計器で直接測定に分類される．計測するには，まず測定端子を短絡させて $R_f$ を可変して $0\,\Omega$ 調整を行ってから計測する．また，倍率抵抗 $R_s$ で測定レンジを広範囲に変えることができる．オームの法則（$V = IR$）により，一定電圧のと

7.2 中抵抗の測定

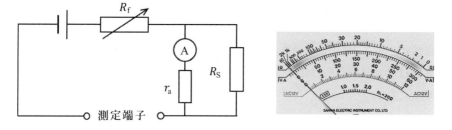

図 7-4 アナログ抵抗計の構成と目盛表示

きの抵抗値は電流値に反比例する。すなわち，電流計や電圧計とは逆の目盛で，右側が0Ωを指し，左側に指針が振れるほど抵抗値が大きくなり，目盛間隔はだんだんと狭くなる。

### 7.2.3 ホイートストンブリッジ

ホイートストンブリッジ（Wheatstone bridge）は零位法による代表的な測定法であり中抵抗の測定に用いられる。

ホイートストンブリッジは図 7-5 のように，測定対象の抵抗 $X$ と既知抵抗 $P$, $Q$, $R$ とのブリッジ回路を構成して，ブリッジの平衡条件から抵抗 $X$ の値を知る。このようなブリッジ回路による測定法は，後述のインピーダンス計測

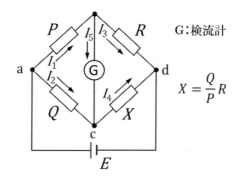

$$X = \frac{Q}{P}R$$

図 7-5 ホイートストンブリッジの回路構成

や各種センサを利用した物理量の測定に広く用いられる.

検流計 G（ガルバノメータ：galvanometer）は $\mu$A 以下の正負の直流電流を高感度に測定できる計器である．ブリッジ回路に直流電圧を印加したときに検流計 G の振れが 0（ゼロ）ならば，ブリッジの平衡条件から次式より抵抗 $X$ の値が求まる．

$$X = \frac{Q}{P} R \tag{7.6}$$

ここで，式中の $Q/P$ を比例辺（ratio arm）という．比例辺で倍率を設定し，次に可変抵抗 $R$ を調整して検流計 G の振れが 0（ゼロ）となる平衡点を見つけ出す．ブリッジが完全平衡時には検流計に電流が流れないため，検流計の挿入による測定系への影響がなく，印加電圧の影響も受けない．

ここで，ブリッジ回路での測定誤差を考察する．抵抗 $P$, $Q$, $R$ の誤差率をそれぞれ $\Delta P/P$, $\Delta Q/Q$, $\Delta R/R$ とすると，抵抗 $X$ の測定値の誤差率 $\Delta X/X$ の大きさは

$$\left|\frac{\Delta X}{X}\right| \leq \left|\frac{\Delta P}{P}\right| + \left|\frac{\Delta Q}{Q}\right| + \left|\frac{\Delta R}{R}\right| \tag{7.7}$$

となり，それぞれの誤差率を加算したものが測定値に含まれることを意味する．このため，高精度な測定には各抵抗の誤差率が小さいことが重要である．

抵抗値を調整しても完全に平衡にならない場合があるが，この場合には検流計の正負の振れ量から線形補間して測定対象の抵抗値を計算する．この方法を補間法という．なお，ブリッジ回路での測定において検流計 G の振れが大きく精度良く測定できる条件は各抵抗が同程度のときである（例題 7.3 参照）．

―――――○―――――○―――――

**例題 7.3** 図 7–5 のホイートストンブリッジで，次の 2 通りで比例辺抵抗値 $P$, $Q$ および可変抵抗 $R$ を調整したところ，検流計 G がほぼ平衡した．検流計に流れる電流を求めなさい．ただし，電源電圧 $E = 10\,\mathrm{V}$，検流計 G の内部抵抗 $R_\mathrm{g} = 100\,\Omega$ とする．

(1) $P = 100\,\Omega$, $Q = 1000\,\Omega$, $R = 10\,\Omega$, $X = 1001\,\Omega$

(2) $P = Q = R = 100\,\Omega,\ X = 1001\,\Omega$

**解答** 図 **7–5** の bc 間に流れる電流 $I_5$ を鳳–テブナンの定理より求める。鳳–テブナンの等価回路の内部抵抗 $r_0$、検流計を取り外したときの開放電圧 $V_0$ とすると、検流計に流れる電流 $I_5$ は

$$I_5 = \frac{V_0}{r_0 + R_g} \tag{例 7.3}$$

で求められる。内部抵抗 $r_0$、開放電圧 $V_0$ はそれぞれ

$$r_0 = \frac{PR}{P+R} + \frac{QX}{Q+X} = \frac{PR(Q+X) + QX(P+R)}{(P+R)(Q+X)} \tag{例 7.4}$$

$$V_0 = V_{\mathrm{db}} - V_{\mathrm{dc}} = \frac{R}{P+R}E - \frac{X}{Q+X}E$$
$$= \frac{R(Q+X) - X(P+R)}{(P+R)(X+X)}E \tag{例 7.5}$$

となる。これらを代入して式を整理すると

$$I_5 = \frac{V_0}{r_0 + R_g}$$
$$= \frac{(RQ - PX)E}{PRQ + PRX + PQX + QRX + R_g(P+R)(Q+X)} \tag{例 7.6}$$

を得る。

(1) の抵抗値を代入すると $I_5 = 7.52\,\mu\mathrm{A}$ となる。

(2) の抵抗値を代入すると $I_5 = 22.7\,\mu\mathrm{A}$ となる。検流計の振れは電流値に比例するので (2) のときの方が検流計の振れが大きい。すなわち、比例辺を構成する $P$、$Q$ および可変抵抗 $R$ が同程度のときに感度良く測定できる。

─────────◯─────────◯─────────

**例題 7.4** 図 **7–5** のホイートストンブリッジの測定で比例辺の倍率 1 ($P : Q = 1 : 1$) のとき、抵抗 $R = 99\,\Omega$ では**例図 7–1(a)** のように検流計が負方向に 1.5 目盛り振れ、$R = 100\,\Omega$ のときには図 (b) のように正方向に 3.5 目盛り振れた。

抵抗 $X$ を補間して求めなさい。

**解答**　$R$ が 99 Ω から 100 Ω の 1 Ω の変化で検流計の指針が $-1.5$ から 3.5 までの 5 目盛り振れたことになる。すなわち 1 Ω を 5 等分して補間する。

$$X = 99 + (100 - 99)\frac{1.5}{1.5 + 3.5} = 99.3\,\Omega$$

または $X = 100 - (100 - 99)\dfrac{3.5}{1.5 + 3.5} = 99.3\,\Omega$

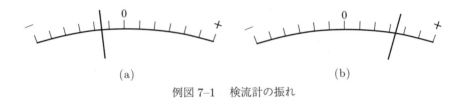

例図 7–1　検流計の振れ

## 7.3　低抵抗の測定

接触抵抗や接地抵抗などの数 mΩ 以下の低抵抗を測定する場合には，前節の電圧降下法やホイートストンブリッジ法では配線の抵抗や接続端子の接触抵抗の影響が無視できないため工夫が必要である。次に説明する計測方法を用いることで精度良く測定できる。

### 7.3.1　四端子法

四端子法（four-terminal method）とは図 **7–6**（a）のように電圧計の接続と電流計の接続部分を分離させた電圧降下法による測定方法である。四端子法は接触抵抗や半導体の抵抗率などを測定するのに用いられる。同図（b）に四端子法の等価回路を示す。測定回路の配線抵抗および接触抵抗をそれぞれ $R_1$，$R_2$ とする。電圧計の内部抵抗 $R_V$（数 MΩ）は接触抵抗 $R_2$（数百 mΩ）よりも非常に大きく，$R_2$ での電圧降下を無視できる。これにより電圧値と電流値から抵

## 7.3 低抵抗の測定

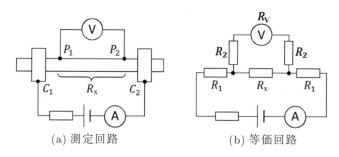

(a) 測定回路　　　(b) 等価回路

図 7-6　四端子法

抗 $R_\mathrm{x}$ を精度良く求めることができる。

### 7.3.2　ケルビンダブルブリッジ（接地抵抗計）

ケルビンダブルブリッジ (Kelvin double bridge) は，図 7-7 のようにブリッジ回路を 2 重に用いることで，導線の影響や接触抵抗の影響を無くした測定法であり，零位法での測定である。ケルビンダブルブリッジは接触抵抗や導線の抵抗などの $10^{-4}\Omega$ 程度までの低抵抗の測定が可能である。

図 7-7 において，導線抵抗や接触抵抗の和を $r$ とする。抵抗 $P$ と $p$，$Q$ と $q$ を連動させて調整し，検流計 G に電流が流れなくなったとき，ブリッジの平衡条件から，測定対象の抵抗 $R_\mathrm{x}$ は次式から求められる。

$$R_\mathrm{x} = \frac{Q}{P}R_\mathrm{s} + \frac{r}{r+p+q}\left(\frac{Q}{P}p - q\right) \tag{7.8}$$

ここで，$Q/P = q/p$ の関係が成り立つときには第 2 項が消去でき，抵抗 $R_\mathrm{x}$ は

$$R_\mathrm{x} = \frac{Q}{P}R_\mathrm{s} \tag{7.9}$$

より求められる。ケルビンブリッジ測定器では，抵抗 $P$ と $p$，$Q$ と $q$ が上述のように連動して調整できる仕組みとなっており，煩雑な調整は不要である。

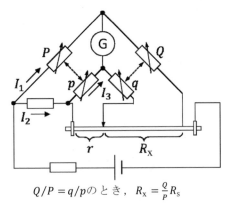

$Q/P = q/p$ のとき，$R_\mathrm{x} = \dfrac{Q}{P} R_\mathrm{s}$

図 7–7　ケルビンダブルブリッジ

## 7.4　高抵抗の測定

$10^6\,\Omega$（$1\,\mathrm{M\Omega}$）以上の高抵抗を測定する場合には，十分な感度を得るために印加電圧を高くし，さらに漏えい電流の影響を防ぐための工夫も必要となる．

### 7.4.1　絶縁抵抗の測定

**絶縁抵抗計**は，電気機器や送電線の絶縁抵抗を測定できる装置で，内部に高電圧の直流電源を備え，接地電極と測定対象との間に流れるわずかな直流電流から抵抗値を読みとる装置である．

絶縁抵抗計として**メガー**（megger）が有名である．**図 7–8**のように電池（6〜12 V）の直流電圧を DC–DC コンバータで数百 V〜数 kV まで昇圧して測定対象に印加し，高感度電流計から抵抗値を読み取る．漏えい電流の影響を防ぐためにガイドワイヤを接続する場合もある．

### 7.4.2　板状絶縁物の抵抗測定

測定対象が平板絶縁物の場合には，**図 7–9** のようにガードリング（guard ring，保護環）を用いて絶縁物の体積抵抗率を測定できる．

## 7.5 インピーダンスの測定

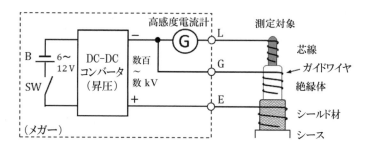

図 7-8 絶縁抵抗計の原理（メガー）

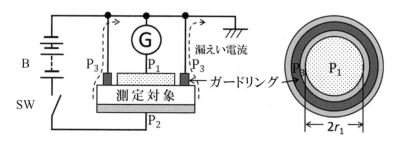

図 7-9 ガードリングを用いた板状絶縁物の抵抗測定

絶縁物に高電圧を印加するための電極 $P_1$，$P_2$ 以外にガードリング電極 $P_3$ を用いることで測定対象の表面を流れる漏えい電流が高感度電流計へ流れ込むのを防ぐ。電圧降下法（7.2.1）で求まる抵抗を $X$ [Ω] とすると，体積抵抗率 $\rho_v$[Ω·cm] は次式となる。

$$\rho_v = \frac{\pi r_1^2}{t} X \tag{7.10}$$

ここで，$t$ は絶縁物の厚さ [cm]，$r_1$ は電極 $P_1$ の半径 [cm] である。

## 7.5 インピーダンスの測定

インピーダンスとは交流回路における電流の流れにくさを表す量で $\dot{Z} = R + jX$ の複素数である（$j$ は電気工学系で用いられる虚数単位）。

近年ではディジタル $LCR$ メータにより，目的とする周波数でのインピーダンス成分（$R$, $L$, $C$）を容易に測定できるようになったが，その測定原理は古くから用いられている交流ブリッジによる零位法である．ここでは交流ブリッジの種類と用途について学ぶ．高周波でのインピーダンス計測については 10 章で学ぶ．

### 7.5.1　交流ブリッジ

交流ブリッジ（alternating current bridge, AC bridge）は，ホイートストンブリッジ（7.2.3）を図 **7–10** のように交流回路に置き換えたもので零位法による測定である．構成する素子の種類の組み合わせにより，インダクタンスまたはキャパシタンス，損失抵抗，相互インダクタンス，さらには周波数などを測定できる．測定に用いる交流電源は高調波を含まず，周波数，波形が安定したものを用いる．交流用標準抵抗器，標準インダクタおよび標準コンデンサを用い，配線を短くし，シールドすることでより精度の高い測定が可能である．

### 7.5.2　交流ブリッジの平衡条件

図 **7–10** のように各辺のインピーダンスを $\dot{Z}_i = R_i + jX_i = Z_i e^{j\theta_i}$（ただし，$i = 1, 2, 3, \text{x}$）と置く．$\dot{Z}_\text{x}$ を測定対象とすると，ブリッジが平衡状態である

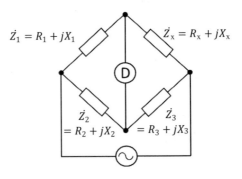

図 7–10　交流ブリッジ

ならば,

$$\dot{Z}_1\dot{Z}_3 = \dot{Z}_2\dot{Z}_x \tag{7.11}$$

複素数表示：$(R_1 + jX_1)(R_3 + jX_3) = (R_2 + jX_2)(R_x + jX_x)$
$$\tag{7.12}$$

フェーザ表示：$Z_1 Z_3 e^{j(\theta_1+\theta_3)} = Z_2 Z_x e^{j(\theta_2+\theta_x)} \tag{7.13}$

が成立する．すなわち，両辺の実数部と虚数部がおのおの等しいとき，または両辺の大きさと角度がおのおの等しい次式の条件

複素数表示の実数部：$R_1 R_3 - X_1 X_3 = R_2 R_x - X_2 X_x \tag{7.14}$

複素数表示の虚数部：$R_1 X_3 + R_3 X_1 = R_2 X_x + R_x X_2 \tag{7.15}$

フェーザ表示の大きさ：$Z_1 Z_3 = Z_2 Z_x \tag{7.16}$

フェーザ表示の角度：$\theta_1 + \theta_3 = \theta_2 + \theta_x \tag{7.17}$

のとき，交流ブリッジでの平衡条件が成立する．式（7.11）を変形すると，

$$\dot{Z}_x = \frac{\dot{Z}_3}{\dot{Z}_2}\dot{Z}_1 \tag{7.18}$$

となり，測定対象のインピーダンス $\dot{Z}_x$ が測定できる．$\dot{Z}_2$ と $\dot{Z}_3$ は比例辺である．

### 7.5.3 交流ブリッジの種類

代表的な交流ブリッジの回路構成および平衡条件を**表 7–2** および**表 7–3** に示す．交流ブリッジは比例辺ブリッジ（ratio arm bridge），積形ブリッジ（product bridge）に大別でき，さらに変成器ブリッジ（transformer bridge），相互インダクタンスを用いた特殊なブリッジもある．

比例辺（隣接した辺）の位相角が同方向となるように素子を組み合わせた交流ブリッジを比例辺ブリッジという．直列インダクタンスブリッジはインダクタンス $L$ の測定，並列容量ブリッジは静電容量 $C$ の測定，シェーリングブリッジ（Schering bridge）は誘電体損失 $\tan\delta$ の測定に用いられる．

表 7–2 インダクタンス $L$ 測定の交流ブリッジ

| 名称 | 直列インダクタンスブリッジ (series inductance bridge) | マクスウェルブリッジ (Maxwell bridge) | ヘイブリッジ (Hay bridge) | ヘビサイドブリッジ (Heaviside bridge) |
|---|---|---|---|---|
| 用途 | 一般的な $L$ の測定。比例辺ブリッジ。 | 低 $Q$(損失大)の $L$ 測定。積形ブリッジ。 | 高 $Q$(損失小)の $L$ の測定。積形ブリッジ。 | 大きな $L$ の測定。相互インダクタンスを利用した特殊な交流ブリッジ。 |
| 回路平衡条件 | $R_X = \frac{R_1 R_3}{R_2}$, $L_X = \frac{R_3}{R_2} L_1$ | $R_X = \frac{R_1}{R_2} R_3$, $L_X = C R_1 R_3$ | $R_X = \frac{\omega^2 C^2 R_1 R_2 R_3}{1+(\omega C R_2)^2}$, $L_X = \frac{C R_1 R_3}{1+(\omega C R_2)^2}$ | $R_X = \frac{R_3}{R_4}(R_2' - R_2)$, $L_X = (M' - M)\left(1 + \frac{R_3}{R_4}\right)$<br>$R_2$, $M$ はスイッチ K を閉じて平衡した値<br>$R_2'$, $M'$ はスイッチ K を開いて平衡した値 |

表 7–3 キャパシタンス $C$ 測定の交流ブリッジ

| 名称 | 並列容量ブリッジ (series capacitance bridge) | ウィーンブリッジ (Wien bridge) | シェーリングブリッジ (Shering bridge) |
|---|---|---|---|
| 用途 | 一般的な $C$ の測定。比例辺ブリッジ。 | 特定の周波数での $C$ と $R$ の測定。既知素子を用いれば周波数の測定が可能。 | 高周波および非常に小さな $C$、誘電体損失 $\tan \delta$ の測定。比例辺ブリッジ。 |
| 回路平衡条件 | $R_X = \frac{R_3}{R_2} R_1$, $C_X = \frac{R_2}{R_3} C_1$ | $\frac{R_2}{R_3} = \frac{C_X}{C_1} + \frac{R_1}{R_X}$, $\omega^2 C_1 C_X R_1 R_X = 1$ | $R_X = \frac{C_2}{C_3} R_1$, $C_X = \frac{R_2}{R_1} C_3$ |

対辺の位相角が同一方向となるように素子を組み合わせた交流ブリッジを積形ブリッジという。積形ブリッジではマクスウェルブリッジ (Maxwell bridge) が有名であり，一般的なインダクタンス $L$ と損失抵抗 $R$ の測定に用いられる。ヘイブリッジ (hay bridge) は $Q$ 値の高い小さな $L$ の測定に用いられる。

## 7.5.4 インダクタンス L の測定

**(1) 直列インダクタンスブリッジ**

直列インダクタンスブリッジは図 7–11 のように比例辺ブリッジを構成する。平衡条件は次式となり，自己インダクタンスの測定に広く用いられる。

$$R_\mathrm{x} = \frac{R_1 R_3}{R_2} \tag{7.19}$$

$$L_\mathrm{x} = \frac{R_3}{R_2} L_1 \tag{7.20}$$

**(2) マクスウェルブリッジ**

マクスウェルブリッジ（Maxwell bridge）は図 7–12 のように積形ブリッジを構成する。比較的 Q 値が低い（損失が大きい）自己インダクタンスの測定に用いられる。キャパシタンスの損失を並列抵抗で，またインダクタンスの損失を直列抵抗で等価回路的にわかりやすい形でブリッジを構成している。平衡時には対辺の積の虚数項が相殺される。既知の抵抗と静電容量から測定対象のインダクタンス L および抵抗 R を求める場合は平衡条件より次式となる。平衡条件に周波数項を含まないため，高調波の影響を受けない。

$$R_\mathrm{x} = \frac{R_1 R_3}{R_2} \tag{7.21}$$

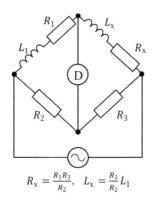
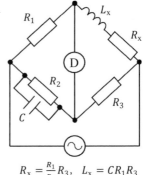

$R_\mathrm{x} = \frac{R_1 R_3}{R_2},\ L_\mathrm{x} = \frac{R_3}{R_2} L_1$ 　　　　　$R_\mathrm{x} = \frac{R_1}{R_2} R_3,\ L_\mathrm{x} = C R_1 R_3$

図 7–11　直列インダクタンスブリッジ　　図 7–12　マクスウェルブリッジ

$$L_x = CR_1R_3 \tag{7.22}$$

また,$R_x$ と $L_x$ を既知とすればコンデンサ容量 $C$ や損失抵抗 $r$(図 **7–12** では $R_2$)を求めることもできる(演習問題 5)。

**(3) ヘイブリッジ**

ヘイブリッジ(Hay bridge)は図 **7–13** のように積形ブリッジを構成する。比較的 $Q$ 値の高い(損失の小さい)自己インダクタンスの測定に用いられる。平衡条件は次式となる(演習問題 6)。

$$R_x = \frac{\omega^2 C^2 R_1 R_2 R_3}{1+(\omega CR_2)^2} \tag{7.23}$$

$$L_x = \frac{CR_1R_3}{1+(\omega CR_2)^2} \tag{7.24}$$

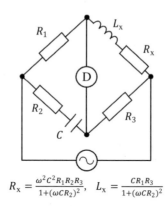

図 7–13 ヘイブリッジ

### 7.5.5 キャパシタンス $C$ の測定

**(1) 並列容量ブリッジ**

並列容量ブリッジは図 **7–14** のように比例辺ブリッジを構成する。平衡条件は下式となり,キャパシタンスの測定回路として広く使用される。

$$R_{\mathrm{x}} = \frac{R_3}{R_2} R_1 \tag{7.25}$$

$$C_{\mathrm{x}} = \frac{R_3}{R_2} C_1 \tag{7.26}$$

**(2) ウィーンブリッジ**

ウィーンブリッジ (Wien bridge) は図 **7-15** のように交流ブリッジを構成する。特定の周波数におけるキャパシタンスと抵抗を測定する用途に利用される。平衡条件は次式となる（演習問題 7）。

$$\frac{R_2}{R_3} = \frac{C_{\mathrm{x}}}{C_1} + \frac{R_1}{R_{\mathrm{x}}} \tag{7.27}$$

$$\omega^2 C_1 C_{\mathrm{x}} R_1 R_{\mathrm{x}} = 1 \tag{7.28}$$

また，$R_{\mathrm{x}}$ と $C_{\mathrm{x}}$ を既知とすれば周波数を測定できる。

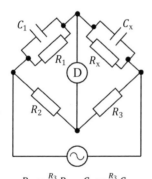

図 7-14 並列容量ブリッジ

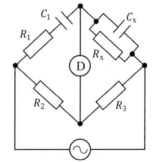

図 7-15 ウィーンブリッジ

**(3) シェーリングブリッジ**

シェーリングブリッジ (Schering bridge) は図 **7-16** のように比例辺ブリッジを構成する。非常に小さなキャパシタンスの測定の用途で使用される。また，高電圧を印加して絶縁物の誘電体損失の測定にも使用される。平衡条件は次式

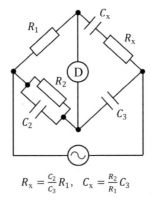

$$R_\mathrm{x} = \frac{C_2}{C_3} R_1, \quad C_\mathrm{x} = \frac{R_2}{R_1} C_3$$

図 7–16　シェーリングブリッジ

となる。

$$R_\mathrm{x} = \frac{C_2}{C_3} R_1 \tag{7.29}$$

$$C_\mathrm{x} = \frac{R_2}{R_1} C_3 \tag{7.30}$$

また，誘電体損失 $\tan\delta$ は次式となる。

$$\tan\delta = \omega C_2 R_2 \tag{7.31}$$

### 7.5.6　その他のブリッジ

**(1)　変成器ブリッジ**

　高周波では素子の浮遊容量（stray capacitance）や対地容量（earth capacity）の影響が無視できない。これらの影響を防ぐ手段として変成器ブリッジ（transformer bridge）がある。

　変成器ブリッジ（transformer bridge）は，図 **7–17** のように変成器（トランス）の1次および2次巻線を接続し，比例辺を巻線比で置き換えた交流ブリッジである。$\dot{Z}_1$ と $\dot{Z}_2$ の一方を測定対象とし，もう一方を既知のインピーダンスとすることで，次式によって測定対象のインピーダンスを測定できる。

## 7.5 インピーダンスの測定

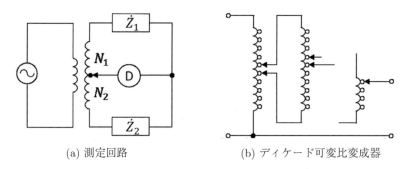

(a) 測定回路　　　　(b) ディケード可変比変成器

図 7–17　変成器ブリッジ

平衡条件（D = 0）が成り立つとき

$$\dot{Z}_1 = \frac{N_1}{N_2}\dot{Z}_2 \tag{7.32}$$

ここで $N_1$ と $N_2$ は比例辺を構成する変成器の 1 次および 2 次巻線である。このように $\dot{Z}_1$ と $\dot{Z}_2$ の関係は浮遊容量の影響を受けず，変圧器の巻線比 $N_1/N_2$ のみで測定できる。巻線比の変更にはディケード可変比変成器が使用される。

**(2) 相互インダクタンスを用いたブリッジ**

相互インダクタンスを用いたブリッジには図 7–18 のヘビサイドブリッジ（Heaviside bridge）が有名である。これは大きな自己インダクタンスを測定する用途に用いられる。平衡条件は下式となる。

$$R_\mathrm{x} = \frac{R_3}{R_4}(R'_2 - R_2) \tag{7.33}$$

$$L_\mathrm{x} = (M' - M)\left(1 + \frac{R_3}{R_4}\right) \tag{7.34}$$

ここで $R_2$, $M$ はスイッチ K を閉じて平衡をとったときの値，$R'_2$, $M'$ はスイッチ K を開いて平衡をとったときの値である。

**(3) アクティブブリッジ**

交流ブリッジの 4 辺のうちの 2 辺に増幅器を用いたブリッジをアクティブブ

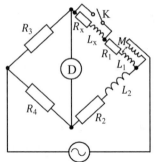

$$R_x = \frac{R_3}{R_4}(R_2' - R_2) \ , \ L_x = (M' - M)\left(1 + \frac{R_3}{R_4}\right)$$

$R_2$, $M$ はスイッチ K を閉じて平衡した値
$R_2'$, $M'$ はスイッチ K を開いて平衡した値

図 7–18 ヘビサイドブリッジ

リッジ (active bridge) といい，インピーダンスメータに広く用いられ，広い周波数帯で高精度なインピーダンス測定が可能である．**図 7–19** にアクティブブリッジの構成を示す．増幅器の出力インピーダンスは小さいため無視できる．利得がそれぞれ 1，−1 倍の増幅器を用いると $\left|\dot{E}_1\right| = \left|\dot{E}_2\right|$ となる．ブリッジの平衡状態では，$\dot{I}_1 = \dot{I}_2$ となり，$\dot{Z}_1$ と $\dot{Z}_2$ の一方を測定対象とし，もう一方を既知のインピーダンスとすれば測定対象のインピーダンスを計測できる．また，一方の増幅器の前段に振幅（増幅器）制御および位相の自動制御回路を組み合わせることで，任意のインピーダンスを計測できる．

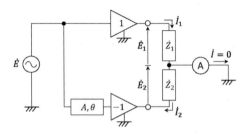

図 7–19 アクティブブリッジ

## 7.5.7 Q メータ

Q メータは共振現象を利用して周波数 50 Hz～100 MHz でのインダクタンス $L$, キャパシタンス $C$, および共振の鋭さ $Q$ を測定できる測定器である.

### (1) Q 値

$Q$ 値は共振の鋭さを表す指標である. インダクタンスやコンデンサは実際には図 7–20 および図 7–21 に示すように抵抗分を含むため, これを加味して素子の性能を評価する必要がる. 回路要素としての"質のよさ"を表す指標として $Q$ 値が用いられ, 次のように定義される.

$$\text{コイルの質のよさ}: Q_\mathrm{L} = \frac{\omega L}{r} \tag{7.35}$$

$$\text{コンデンサの質のよさ}: Q_\mathrm{C} = \frac{g}{\omega C} \tag{7.36}$$

ここで, $\omega = 2\pi f\,[\mathrm{rad/s}]$ である. 素子の抵抗分が小さいほど高い $Q$ 値を示す. また, $Q$ 値は素子の"質のよさ"の他に, $L$ と $C$ で構成される交流回路の"共振の鋭さ"を表す指標にも用いられる.

今, 図 7–22 の $RLC$ 直列共振回路の $Q$ 値を考える. 発振器の電源電圧 $\dot{E}$, 周波数 $f$ とするとインピーダンス $\dot{Z}$ は次式で与えられる.

$$\dot{Z} = R + j\left(\omega L - \frac{1}{\omega C}\right) \tag{7.37}$$

ただし, 角周波数 $\omega = 2\pi f$ とする.

共振周波数 $f_0 = 1/2\pi\sqrt{LC}$ のときに, 虚数項の $L$ および $C$ のリアクタンス分が打ち消しあって 0（ゼロ）となり, インピーダンスは実部のみとなる.

$$\dot{Z}_0 = R \tag{7.38}$$

図 7–20　コイルの等価回路

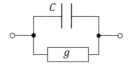

図 7–21　コンデンサの等価回路

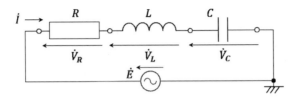

図 7–22　$RLC$ 直列回路

共振時には回路のインピーダンスが最小になり，電流は最大となることがわかる。

ここで，共振時の回路の $Q$ 値を

$$Q = Q_L = Q_C \tag{7.39}$$

$$Q_L = \frac{\omega_0 L}{R} \tag{7.40}$$

$$Q_C = \frac{1}{\omega_0 C R} \tag{7.41}$$

と定義すると，$RLC$ 直列回路の共振時の各端子電圧は以下となる。

$$\dot{V}_R = R\dot{I} = \dot{E} \tag{7.42}$$

$$\dot{V}_L = j\omega_0 L \dot{I} = j\omega_0 L \cdot \frac{\dot{E}}{R} \equiv jQ\dot{E} \tag{7.43}$$

$$\dot{V}_c = j\frac{\dot{I}}{\omega_0 C} = j\frac{1}{\omega_0 C} \cdot \frac{\dot{E}}{R} \equiv jQ\dot{E} \tag{7.44}$$

これより，直列共振時の $L$ 端および $C$ 端には電源電圧の $Q$ 値倍の電圧が発生することがわかる。

### (2)　Q メータ

Q メータは**図 7–23** のように構成され，直列共振回路の共振周波数と $Q$ 値から抵抗，インダクタンス $L$，およびキャパシタンス $C$ を測定できる。

今，インダクタンス $L$ とその損失抵抗 $R$ を測定する場合を考える。発振器の電圧を一定とし，周波数および可変容量 $C$ を変化させてコンデンサ電圧 $V_C$ が

最大となるように調整することで共振周波数 $f_0$ がわかり，$L$ と $R$ が求まる．

$$L = 1/\omega_0^2 C \tag{7.45}$$

$$R = 1/\omega_0 C Q_c \tag{7.46}$$

ただし，共振角周波数 $\omega_0 = 2\pi f_0$ とする．

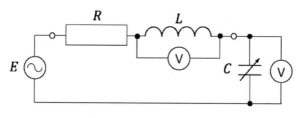

図 7-23　Q メータの原理

## 7.5.8　LCR メータ

### (1) LCR メータの原理

LCR メータは，交流回路のインピーダンス $\dot{Z}$ を測定する計測器のことで，数 Hz から 100 MHz 帯程度までのインピーダンスが計測できる．

ディジタル LCR メータでは自動平衡ブリッジ法を用いたものが一般的であり，安価で高性能である．

図 7-24 に自動平衡ブリッジ法を用いたディジタル LCR メータの原理を示す．測定対象の両端に 4 つの測定端子（$H_c$，$H_p$，$L_p$，$L_c$）を接続し，ベクトル電圧計 $V_1$ と $V_2$ から測定対象のインピーダンス $\dot{Z}$ を求める．

この手順を説明する．まず，$H_c$ 端子で測定対象に基準となる交流電圧を発振器により印加する．$H_p$ と $L_p$ 端子により測定対象の端子電圧 $V_1$ を計測する．次にオペアンプと基準抵抗 $R_r$ からなる電流電圧変換器で測定対象に流れる電流を電圧 $V_2$ に変換する．このベクトル電圧 $\dot{V_1}$ と $\dot{V_2}$ の比から $\dot{Z}$ が求められる．単体の受動部品（抵抗，コイル，コンデンサ）であれば，この原理によって精

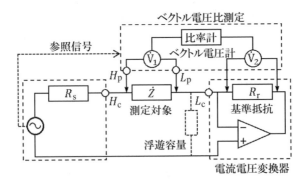

図 7–24　ディジタル LCR メータの原理（自動平衡ブリッジ法）

度の高い測定が可能である。

---

### 演習問題

(1) 電圧降下法を用いて抵抗値を測定したところ，電圧計の指示値が 12 V のとき，電流計の指示値は 40 mA であった．電圧計および電流計の内部抵抗はそれぞれ 5 kΩ，0.1 Ω である．測定対象の抵抗値を求めなさい．また**問図 7–1** の (a) と (b) のどちらの結線が相応しいか答えなさい．

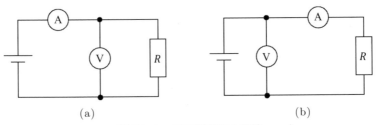

問図 7–1　電圧降下法の結線

(2) 図 **7–10** の交流ブリッジ回路で $\dot{Z}_1 = 10+j40\,\Omega$，$\dot{Z}_2 = 20\,\Omega$，$\dot{Z}_3 = 15\,\Omega$ のときに交流電流計 D が 0（ゼロ）を示した．$\dot{Z}_x$ を求めなさい．

(3) 図 **7–5** のようにホイートストンブリッジを構成し，抵抗 $X$ の値を測定す

る。今，$P = 100\,\Omega$，$Q = 150\,\Omega$，$R = 120\,\Omega$ で検流計 G が平衡した。このときの抵抗 $X$ を求めなさい。

(4) ホイートストンブリッジで抵抗 $X$ を測定した。$P = 100\,\Omega$，$Q = 50\,\Omega$ として可変抵抗 $R$ を $60\,\Omega$ および $61\,\Omega$ に調整したところ，検流計 G が問図 **7–2**（a）および（b）のように振れた。抵抗 $X$ を求めなさい。

　　(a) R=60 Ω のとき　　　　　　(b) R=61 Ω のとき
問図 7–2　検流計の振れ

(5) 問図 **7–3** のマクスウェルブリッジでコンデンサ容量 $C_x$ と損失抵抗 $r_x$ を測定した。$C_x$ と $r_x$ の平衡条件をそれぞれ求めなさい。

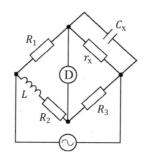

問図 7–3　マクスウェルブリッジ

(6) 図 **7–13**（ヘイブリッジ）のインダクタンス $L_x$ と損失抵抗 $R_x$ の平衡条件を導出しなさい。
(7) 図 **7–15**（ウィーンブリッジ）のコンデンサ容量 $C_x$ と損失抵抗 $R_x$ の平衡条件を導出しなさい。
(8) 図 **7–16** のシェーリングブリッジ回路で $C_2 = 15\,\mu\mathrm{F}$，$C_3 = 10\,\mu\mathrm{F}$，

$R_1 = 0.4\,\Omega$, $R_2 = 0.132\,\Omega$ で平衡した。$R_\mathrm{x}$, $C_\mathrm{x}$ を求めなさい。

|実習|; *Let's active learning!*

(1) 鳳–テブナンの定理について調べてみよう。
(2) キルヒホッフの法則について調べてみよう。

|演||習||解||答|

(1) 計器の内部抵抗を考慮しないときの抵抗値はオームの法則より，

$$R = \mathrm{V/I} = 12/0.04 = 300\,\Omega$$

計器の内部抵抗を考慮して計算すると（a）$319.1\,\Omega$（b）$299.9\,\Omega$ となる。

(2) ブリッジが平衡しているから

$$\dot{Z}_\mathrm{x} = \frac{\dot{Z}_3}{\dot{Z}_2}\dot{Z}_1 = \frac{20}{15}(10+j40) = 7.5+j30\,\Omega$$

と求まる。

(3) ブリッジの平衡条件より

$$\mathrm{X} = \frac{\mathrm{Q}}{\mathrm{P}}\mathrm{R} = \frac{150}{100} \times 120 = 180\,\Omega$$

(4) $R$ が $60\,\Omega$ から $61\,\Omega$ の $1\,\Omega$ の変化で検流計の指針が $-4$ から $1$ までの 5 目盛り振れているから補間法により

$$\mathrm{X} = \mathrm{Q/P} \quad R = 50/100 \quad (61 - (61-60)1/(1+4)) = 30.4\,\Omega$$

(5) ブリッジの平衡条件 $\dot{Z}_1\dot{Z}_3 = \dot{Z}_2\dot{Z}_x$ より

$$R_1 R_3 = (R_2 + j\omega L)\frac{r_x}{1+j\omega C_x r_x}$$

$$R_1 R_3 (1 + j\omega C_x r_x) = (R_2 + j\omega L)\, r_x$$

$$R_1 R_3 - R_2 r_\mathrm{x} + j0 = 0 + j(\omega L r_\mathrm{x} - \omega C_\mathrm{x} r_\mathrm{x} R_1 R_3)$$

両辺の実部と虚部が等しいとして整理すると次式を得る。

$$rR_x = \frac{R_1 R_3}{R_2}, \ C_x = \frac{L}{R_1 R_3}$$

(6) ブリッジの平衡条件 $\dot{Z}_1 \dot{Z}_3 = \dot{Z}_2 \dot{Z}_x$ より

$$R_1 R_3 = (R_x + j\omega L_x)\left(R_2 - j\frac{1}{\omega C}\right)$$

$$R_1 R_3 = \left(R_x R_2 + \frac{L_x}{C}\right) + j\left(\omega L_x R_2 - \frac{R_x}{\omega C}\right)$$

両辺の実部と虚部がそれぞれ等しいとして連立方程式を解くと次式を得る。

$$R_x = \frac{\omega^2 C^2 R_1 R_2 R_3}{1 + (\omega C R_2)^2}, \ L_x = \frac{C R_1 R_3}{1 + (\omega C R_2)^2}$$

(7) ブリッジの平衡条件 $\dot{Z}_1 \dot{Z}_3 = \dot{Z}_2 \dot{Z}_x$ より

$$\left(R_1 + \frac{1}{j\omega C_1}\right) R_3 = R_2 \left(\frac{1}{\frac{1}{R_x} + j\omega C_x}\right)$$

$$\left(R_1 + \frac{1}{j\omega C_1}\right)\left(\frac{1}{R_x} + j\omega C_x\right) = \frac{R_2}{R_3}$$

$$\left(\frac{R_1}{R_x} + \frac{C_x}{C_1}\right) + j\left(\omega C_x - \frac{1}{\omega C_1 R_x}\right) = \frac{R_2}{R_3}$$

両辺の実部と虚部がそれぞれ等しいとして整理すると次式を得る。

$$\frac{R_1}{R_x} + \frac{C_x}{C_1} = \frac{R_2}{R_3}, \ \omega^2 C_1 C_x R_1 R_x$$

(8) 式 (7.29) および式 (7.30) より

$$R_x = \frac{C_2}{C_3} R_1 = \frac{15 \times 10^{-6}}{10 \times 10^{-6}} 0.4 = 0.6\,\Omega,$$

$$C_x = \frac{R_2}{R_1} C_3 = \frac{0.132}{0.4} 10 \times 10^{-6} = 3.3\,\mu\text{F}$$

と求まる。

## 引用・参考文献

1) 阿部武雄,村山 実:電気・電子計測［第3版］,森北出版,2012.
2) 絶縁抵抗計（メガー）の原理において下記ホームページを参照
   日本財団図書館のホームページ内,絶縁抵抗測定:
   http://www.nfcorp.co.jp/techinfo/keisoku/impedance/lcz.html/ (2018)
   共立電気計器のホームページ内,絶縁抵抗計の測定):
   http://www.nfcorp.co.jp/techinfo/keisoku/impedance/lcz.html/ (2018)
3) 桐生昭吾,宮下 收,元木 誠,山﨑貞朗:基本からわかる電気電子計測講義ノート［第1版］,オーム社,2015.
4) 岡野大祐:教えて？わかった！電気電子計測［第1版］,オーム社,2011.
5) エヌエフ回路設計ブロックのホームページ内 LCR メータと測定電流:
   http://www.nfcorp.co.jp/techinfo/keisoku/impedance/lcz.html/ (2018)

# 8章　磁気測定

"磁気"に関する測定は，主に，地磁気（terrestrial magnetism）などの測定と磁性体の磁気特性の測定に分けられる。磁性体は，エネルギー分野では回転機や変圧器の鉄心として，また，情報通信分野では低周波から高周波までのインダクタの鉄心や記録媒体として多く用いられている。よって，磁性体の磁気特性の知識は，現在の電気電子情報工学には欠かすことができないものである。そこで，本章では初めに探りコイル（search coil）や**ホール素子**（hall effect device）による磁界の測定を説明する。**表 8–1** に静磁界と変動磁界，それを検出する際に用いられる磁界検出素子の例を示す。次に，磁性材料の磁気特性の測定法について環状試料を例に説明する。続けて，エネルギー分野で磁性材料を利用する場合の大きな関心事である鉄損（iron loss）などの磁気特性の測定法を説明する。最後に，MR（magneto-resistance）素子と MI（magneto-impedance）素子を使った磁気センサ（magnetic sensor）を紹介する。

表 8–1　静磁界と変動磁界

|  | 例 | 磁界素子 |
| --- | --- | --- |
| 静磁界 | 地磁気，直流電流による磁界など | ホール素子，MR 素子，MI 素子，FG センサなど |
| 変動磁界 | 心磁界，交流電流による磁界など | 探りコイル，ホール素子，MR 素子，MI 素子，FG センサなど |

## 8.1 磁界の測定

### 8.1.1 探りコイルを用いた磁界の測定

図 8-1 に示す真空中(**透磁率** $\mu_0$ の空間)に置かれた探りコイルの起電力を $v_S(t)$ は,**探りコイル**と鎖交する**磁束密度**を $B(t)$ とし,$S_S$ 内で $B(t)$ が一定であるとすると,ファラデーの法則より次式で表される[1]。

$$v_S(t) = -NS_S \frac{dB(t)}{dt} \tag{8.1}$$

ここで,$N$ は探りコイルの巻数 [回],$S_S$ は探りコイルの面積 [m$^2$] である。

よって,探りコイルの起電力 $v_S(t)$ を測定することによって**磁束密度** $B(t)$ と磁界の強さ $H(t)$ は,式 (8.1) より,

$$B(t) = -\frac{1}{NS_S} \int v_S(t)\,dt \tag{8.2}$$

$$H(t) = -\frac{1}{\mu_0 NS_S} \int v_S(t)\,dt \tag{8.3}$$

として求められる。

探りコイル法は,式 (8.1) より周波数が低くなると探りコイルに誘起する $v_S(t)$ が小さくなるため,低周波の磁界検出には不向きである。

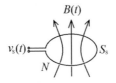

図 8-1 探りコイル法

### 8.1.2 ホール効果を用いた磁界の測定

ホール効果を磁界検出原理とするデバイスにホール素子がある。ホール素子には,GaAs(砒化ガリウム)や InSb(アンチモン化インジウム),Si(シリコ

ン）などがよく用いられている．

図 **8-2** に示す外形が $l\,[\mathrm{m}] \times w\,[\mathrm{m}] \times t\,[\mathrm{m}]$ で，電子密度 $n\,[個/\mathrm{m}^3]$ の電子をキャリアとするホール素子について磁界を検出する原理を説明する．電子の電荷を $-e\,[\mathrm{C}]$，ホール素子に外部電圧を印加し電流 $\boldsymbol{I}\,[\mathrm{A}]$（電流密度 $\boldsymbol{J}\,[\mathrm{A}/\mathrm{m}^2] = \boldsymbol{I}/wt$）を図 **8-2** の $a$ から $b$ の方向に流し，磁束密度 $\boldsymbol{B}\,[\mathrm{T}]$ ($B_\mathrm{x} = 0$（ゼロ），$B_\mathrm{y} = 0$（ゼロ），$B_\mathrm{z}$）の外部磁界が図 **8-2** の方向に加わっているものとする．このとき，ホール素子中の電子は，電流と反対方向である $b$ から $a$ の方向に $v_\mathrm{x}\,[\mathrm{m/s}]$ で動いている．この電子は，外部磁界によりローレンツ力 $\boldsymbol{F}_\mathrm{L}\,[\mathrm{N}]$ を受け $d$ に近いところに偏って流れる．この電子の偏りにより，$c$ 部は $d$ 部に比べて電位が高くなり，$c$ から $d$ に向かう向きにホール電界 $\boldsymbol{E}_\mathrm{h}\,[\mathrm{V/m}]$ が発生する．電子はこのホール電界によって $c$ へ向うむきにクーロン力 $\boldsymbol{F}_\mathrm{E}\,[\mathrm{N}]$ を受ける．この $\boldsymbol{F}_\mathrm{L}$ と $\boldsymbol{F}_\mathrm{E}$ がつり合って電子は平衡状態の流れとなる．

$\boldsymbol{i}, \boldsymbol{j}, \boldsymbol{k}$ を基本ベクトルとすると，$\boldsymbol{I} = -I_\mathrm{x}\boldsymbol{i}$，$\boldsymbol{v} = v_\mathrm{x}\boldsymbol{i}$，$\boldsymbol{B} = B_\mathrm{z}\boldsymbol{k}$，$\boldsymbol{E}_\mathrm{h} = E_\mathrm{y}\boldsymbol{j}$ なので，$\boldsymbol{F}_\mathrm{L} = -e\,(\boldsymbol{v} \times \boldsymbol{B}) = ev_\mathrm{x}B_\mathrm{z}\boldsymbol{j}$，$\boldsymbol{F}_\mathrm{E} = -e\boldsymbol{E}_\mathrm{h} = -eE_\mathrm{y}\boldsymbol{j}$ である．よって，

$$E_\mathrm{y} = v_\mathrm{x}B_\mathrm{z} \tag{8.4}$$

となる．また，$J_\mathrm{x} = -env_\mathrm{x}$，$I_\mathrm{x} = J_\mathrm{x}wt = -env_\mathrm{x}wt$ なので，

$$E_\mathrm{y} = -\frac{1}{en}\frac{I_\mathrm{x}}{wt}B_\mathrm{z} \tag{8.5}$$

となる．ホール係数 $R_\mathrm{h} = -\dfrac{1}{en}$，ホール電圧 $V_\mathrm{h} = wE_\mathrm{y}$ とすると

$$V_\mathrm{h} = R_\mathrm{h}\frac{I_\mathrm{x}}{t}B_\mathrm{z} \tag{8.6}$$

となる．よって，式 (8.6) から，ホール電圧 $V_\mathrm{h}$ は電流 $I_\mathrm{x}$ が一定であれば，外部磁界の磁束密度 $B_\mathrm{Z}$ に比例し，$V_\mathrm{h}$ を測定することによって磁束密度を知ることができる．ホール素子は，直流磁界や数十 $\mu\mathrm{T}$ から数 $\mathrm{T}$ 程度の磁界計測に用いられる[2]．ホール素子は，主に半導体で製作されるため温度安定度に十分注意して利用する必要がある．

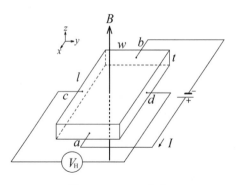

図 8–2　ホール素子

## 8.2　磁性材料の磁気特性の測定

　磁性体に外部から磁界を加えると，磁性体内部にも磁界ができる。外部から加える磁界の強さを $H$，磁性体内部の磁束密度を $B$，真空の透磁率を $\mu_0$，磁性体の透磁率を $\mu$，**比透磁率**を $\mu_r$ とすると，$B$ と $H$ の間の関係は $B = \mu H = \mu_0 \mu_r H$ となる。この式が成り立つのは，$\mu$ が定数の場合であるが，一般の磁性体の場合の $\mu$ は定数ではなく，印加される磁界の強さによって変化し，$B$ と $H$ の関係は図 **8–3** のような曲線となる。磁性体を**消磁**（neutralization）した状態（図 **8–3** の原点）で，外部磁界 $H$ をだんだん大きくすると，破線の軌跡を描いて $B$ は徐々に増加するが，**飽和磁束密度**（saturation magnetic flux density, $B_m$）で飽和する。また，逆に $H$ を $H_m$ より徐々に小さくしていくと，磁化曲線は，破線を通らず実線のように変化する。$H$ が 0（ゼロ）の場合の $B$ の値を残留磁束密度（residual magnetic flux density, $B_r$）という。$H$ をさらに小さくしていくと**保磁力**（coercive force, $-H_c$）で $B$ が 0（ゼロ）になる。また，$H$ をさらに小さくしていくと $-H_m$ で $-B_m$ に飽和し，その後，$H$ を増加すると，$-B_r$，$H_c$ を通り，$H_m$ で $B_m$ に飽和する。このような磁性体の $H$ と $B$ の関係は，**磁化曲線**（magnetization curve）といわれ，**ヒステリシス特性**（hysteresis characteristic）を示す。図 **8–3** の破線を**初期磁化曲線**（initial magnetization

8.2 磁性材料の磁気特性の測定

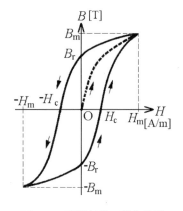

図 8–3 磁性材料の磁化曲線

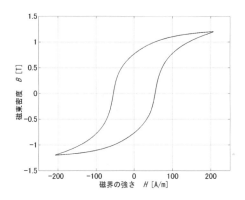

図 8–4 磁性材料の $BH$ 曲線の例

curve),実線を磁化曲線という。また,磁化曲線を求める場合には試料を事前に丁寧に消磁し,$B_r$ や $H_C$ を完全に 0(ゼロ)としておく必要がある[3]。図 8–4 に 8.2.2 に示すディジタル的手法を用いて,厚さ 0.35 mm の電磁鋼板製のリングコアの $BH$ 曲線を最大励磁磁束密度 1.2 T,**励磁周波数** 50 Hz の条件下で測定した例を示す。

### 8.2.1 環状試料のアナログ的手法による交流磁気特性の測定

次に環状試料(ring specimen)を用いたアナログ的手法による交流磁気特性の測定法について述べる。その原理図を図 8–5 に示す。この測定回路は,励磁コイル($N_1$ 回巻)を励磁するための励磁周波数 $f_{ex}$ と**励磁電圧** $v_{ex}(t)$ を設定できる可変電源,励磁電流 $i_{ex}(t)$ を測定するための**シャント抵抗**(shunt resistance, $R_s$),試料に $N_2$ 回巻かれた探りコイルの出力電圧 $v_s(t)$ を積分するための積分増幅器(integral amplifier),シャント抵抗の両端の電圧 $v_R(t)$ を増幅するための差動増幅器(differential amplifier),計測結果を可視化するための XY レコーダ(XY recorder)やオシロスコープ(oscilloscope)から成っている。

図 8–5 に示すように磁気特性を測定しようとする環状試料の**有効磁路長**(effective magnetic path length)を $L$ [m],試料の断面積を $S_c$ [m$^2$] とする。シャ

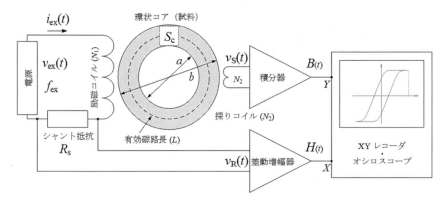

図 8-5 アナログ的手法による磁気特性の測定

ント抵抗 $R_s$ の両端の電圧は，$v_R(t)$ なので，励磁電流 $i_{ex}(t)$ は，

$$i_{ex}(t) = \frac{v_R(t)}{R_s} \tag{8.7}$$

となる．よって，試料中の励磁磁界の強さ $H(t)$ [A/m] は，

$$H(t) = \frac{N_1}{L} i_{ex}(t) = \frac{N_1}{LR_s} v_R(t) \tag{8.8}$$

となる．式 (8.7) を用いて $H$ を求める方法を**励磁電流法**といい，有効磁路長を解析的に求めることができる場合は有効な方法である．

一方，探りコイルの巻き数を $N_2$ 回，探りコイルの断面積 $S_S$，探りコイルの誘起電圧を $v_S(t)$ とすると，試料中の磁束密度 $B(t)$ は，

$$B(t) = -\frac{1}{N_2 S_S} \int v_s(t) \, dt \tag{8.9}$$

として求めることができる．しかし，**渦電流**（eddy current）の影響が無視できる直流磁化曲線に近い磁化曲線を求める場合，励磁周波数 $f_{ex}$ をなるべく小さくしなければならない．しかし，$f_{ex}$ を小さくすると $v_s(t)$ が小さくなるために，積分増幅器の増幅度を非常に大きくする必要があり増幅器のドリフトやノイズ特性に注意が必要である．初期磁化曲線や完全な直流磁気特性を求めるには別の工夫が必要である[4]．

また，交流磁気特性を求める場合，励磁電圧 $v_{\mathrm{ex}}(t)$ を正弦波とするか，励磁磁束密度 $B(t)$ を正弦波にするかによって，鉄損などの測定結果が変わってくることに注意が必要である。特に，角型ヒステリシスを持つ試料の場合に注意が必要である[4]。さらに，励磁コイルの線径や巻き数は，測定する際の最大励磁磁束密度をいくらにするかによって決定する。また，一般に電磁鋼板や軟鉄などの試料で，$B_{\mathrm{m}} = 2.0\,\mathrm{T}$ 程度までの磁化曲線を測定しようとすると励磁コイルに数 A 程度以上の励磁電流が流れる。そこで，線径や巻き数に注意しないと，励磁コイルによる発熱が試料の磁気特性に影響を与えることがあるので，留意する必要がある。

式 (8.8) を用いて試料中の磁界の強さを求める際に必要な有効磁路長 $L$ は，試料が単純な形状であれば解析的に求めることができる[5]。なお，図 8–5 に示す試料の幅 $(b-a)/2$ と試料の厚さが等しい正方形断面の環状試料の場合は，試料の内径 $a$ と試料の幅の比 $\left(\dfrac{b-a}{2a}\right)$ が 10 程度以上であれば，$L$ を $L \approx \pi\dfrac{(a+b)}{2}\,[\mathrm{m}]$ と近似することができる。

### 8.2.2　環状試料のディジタル的手法による交流磁気特性の測定

次に，ディジタル信号処理の手法を活用した環状試料を用いた交流磁気特性の測定手法について説明する。アナログ的手法による磁気特性の測定では，任意の試料に対して，大きく励磁周波数や励磁波形を変えて試料の磁気特性を測定することは困難である。ところが，励磁用の電源として十分な周波数特性と直線性を持った大電力の電力増幅器（power amplifier）と任意波形を生成できる DA 変換器あるいはファンクションジェネレータ（function generator），十分な周波数特性や位相特性を持った差動増幅器，および，十分に高速なサンプリング速度を持った AD 変換器を用意し，これらをコンピュータで統括制御すれば，任意の励磁周波数や励磁波形，任意の大きさの励磁磁束密度で試料の磁気特性を測定することができる。ディジタル的な手法は，任意波形での磁気特性の測定ができることから，磁束正弦波励磁下での測定を行うことができる。図 8–6 にシステムの原理図を示す。

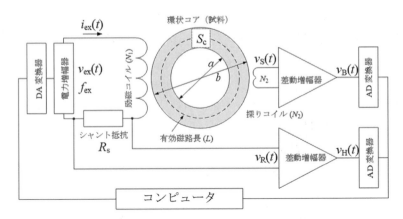

図 8-6 ディジタル方式による磁気特性の測定

　$H(t)$ は $v_R(t)$ を増幅して取り込んだ後に式（8.8）を使って算出する。$B(t)$ は，$v_s(t)$ を差動増幅器で増幅した後に AD 変換器を用いてコンピュータに取り込んだ後に式（8.9）を用いて**数値積分**して求める。その後，$H(t)$，$B(t)$ を用いて磁化曲線を求める。

　ディジタル方式では，励磁電圧 $v_{ex}(t)$ の波形や励磁周波数 $f_{ex}$ は，DA 変換器を用いてプログラムで生成するため，任意の波形や周波数を生成できる。そこで，式（8.9）で得られる $B(t)$ が正弦波になるように励磁電圧を生成することも可能である。励磁磁束密度の正弦波化は，一般に理想的な正弦波の励磁磁束密度波形と計測した $B(t)$ の波形の差から，各種の制御手法を用いて**フィードバック制御**を行いながら励磁磁束密度を正弦波に収束させることで行う [21,22]。その後，励磁磁束密度正弦波の条件下で，磁気特性を測定する。励磁磁束密度正弦波での磁気特性の測定では，広範な条件や試料において正確な磁気特性（鉄損 $W_i$，保磁力 $H_c$，残留磁束密度 $B_r$，最大励磁磁界の強さ $H_{max}$，最大磁束密度 $B_{max}$ など）が得られる。このように，ディジタル方式は，高価な大電力の電力増幅器や精密な AD・DA 変換器を必要とするが，その汎用性のために近年頻繁に用いられている。

## 8.3 電磁鋼板の鉄損の測定

磁性体の磁気特性を知ることは，電気電子情報工学に磁性体を利用する上できわめて重要である．特に，エネルギー分野での応用として重要な位置を占める電気機器（electrical machinery and apparatus）の**鉄心**（core）に用いられている**電磁鋼板**（珪素鋼板）（electrical steel sheet, silicon steel sheet）の磁気特性を知ることは静止機や回転機といった電気機器の電力損失の低減を図り，効率を向上する上でも大きな関心事である．

### 8.3.1 鉄損の算出

鉄損 $W_\mathrm{i}\,[\mathrm{W/kg}]$ は，式 (8.8)，式 (8.9) の結果の $H(t)$，$B(t)$，および，試料の密度 $\rho\,[\mathrm{kg/m^3}]$，励磁電流の周期 $T\,[\mathrm{s}] = 1/f_\mathrm{ex}$ を用いて，

$$W_\mathrm{i} = \frac{1}{\rho T} \int_T H(t) \frac{dB(t)}{dt} dt \tag{8.10}$$

で計算することができる．よって，AD 変換された $H(t)$，$B(t)$ を用いて数値積分すれば容易に鉄損 $W_\mathrm{i}$ を求めることができる．

### 8.3.2 エプスタイン法（JIS C 2550）

**エプスタイン法**（epstein method）は，商用周波数における電磁鋼板の鉄損の標準測定法であり，JIS C 2550 で詳細に規定されている．試料の長さによって 50 cm エプスタイン法と 28 cm エプスタイン法がある．50 cm エプスタイン法では，約 10 kg の試料を必要とするが，28 cm エプスタイン法は用意できる試料が少ない場合に用いる．なお両者とも試料の幅は 3 cm で 0.3 から 0.5 mm 厚程度に圧延され，実用に供される状態まで加工された電磁鋼板を上記の寸法の短冊状に切断して用いる．電磁鋼板は，**無方向性電磁鋼板**（non-oriented electrical steel sheet, NO）であっても**圧延方向**（rolling direction）などが原因で磁気特性に異方性がある．そこで，試料を短冊状に切断する際は，切り出す方向は目的に応じて揃える必要がある．特に，**方向性電磁鋼板**（grain oriented electrical steel sheet，GO）は，磁気特性の異方性が強いので切断方向に注意を要する。

図 **8–7** にディジタル方式で計測する場合の 28 cm エプスタイン法の原理図を示す。試料は，図 **8–8** に示す**二重重ね接合**し，図 **8–7** のように励磁コイル内に設置する。一般に，28 cm エプスタイン法では，4 ヶ所の 1 次コイル（励磁コイル），2 次コイル（探りコイル）は直列に接続され，全体でおおむね 700 回巻かれており，実験的に有効磁路長 $L$ を 88 cm とする[4]。ディジタル方式の電

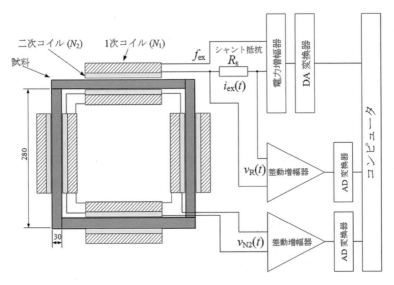

図 8–7　エプスタイン法による鉄損測定法

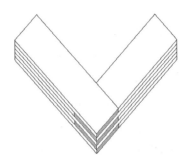

図 8–8　二重重ね接合

子回路系は，8.2.2 の「環状試料を用いたディジタル的手法による交流磁気特性の測定」の場合とほぼ同じ構成である．$v_R(t)$ より，励磁磁界の強さ $H(t)$ を式 (8.8) を用いて，$v_{N2}(t)$ から励磁磁束密度 $B(t)$ を式 (8.9) を用いてそれぞれ算出し，さらに，鉄損 $W_i$ は式 (8.10) を用いて算出する．

### 8.3.3 単板磁気特性試験法（JIS C 2556）

エプスタイン法は多くの試料を必要とする．そこで，圧延された電磁鋼板 1 枚のみで磁気特性を測定できるように考案された方法が，単板磁気特性試験法 (single sheet testing method) である．

図 8–9 にディジタル方式で計測する場合の単板磁気特性試験法の原理図を示す．図のように 1 枚の試料を電磁鋼板等で作製されたヨークで上下から挟み込み，磁路を形成する．励磁コイルは，ヨーク間の試料を十分囲い込むように巻き，なるべく広い範囲で試料に印加される磁界が均一になるように配慮し作製する．しかし，磁界の均一性は励磁コイルだけでは十分ではないので，**補償コイル**で補う構成とする．

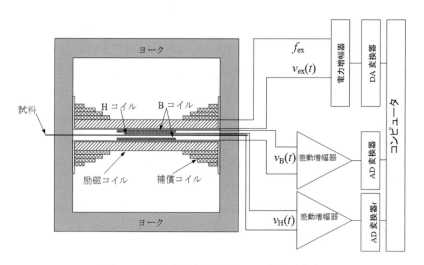

図 8–9　単板磁気特性試験による鉄損測定法

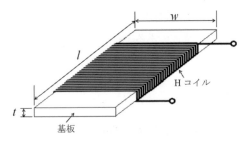

図 8–10　H コイル

図 **8–10** に示す H コイルは，試料の表面内外において境界面に平行な磁界の強さが等しいことを利用して [18] $v_{\mathrm{H}}(t)$ より次式

$$H(t) = -\frac{1}{\mu_0 N S_\mathrm{S}} \int v_{\mathrm{H}}(t) dt \tag{8.11}$$

を用いて試料中の磁界の強さ $H(t)$ を測定する．そのために，H コイルは試料になるべく近い位置に試料との平行性に注意しながら設置する．また，H コイルのエリアターン $NS_\mathrm{s}$ (aria turn) は，事前に精密に測定しておく必要がある．H コイルを巻く基板は，セラミック基板などの寸法の温度変化の小さいものとし，外形 $l[\mathrm{m}] \times w[\mathrm{m}] \times t[\mathrm{m}]$ は，測定する試料の寸法によって決める．さらに，B コイルは，試料を取り囲むように十分均一に巻き，$v_\mathrm{B}(t)$ より式 (8.9) を用いて試料中の磁束密度 $B(t)$ を測定する．この $H(t)$ と $B(t)$ より，式 (8.10) を用いて鉄損を求める．

### 8.3.4　二次元ベクトル磁気特性

近年では，**二次元ベクトル磁気特性** (two-dimensional vector magnetic property) という考え方が提案されている [6-8]．

現実の電磁鋼板では外部磁界によって試料と平行に励磁しても，試料中の磁界の強さ **$H$**，磁束密度 **$B$**，磁化 **$M$** が外部磁界と平行にならないという現象が起こる．この現象の原因は，磁気特性の異方性である．その様子を図 **8–11** に示す．この現象を考慮に入れた電磁鋼板の磁気特性の考え方が「二次元ベクト

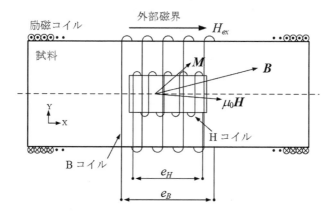

図 8–11　外部磁界と試料内の $H$, $B$, 磁化 $M$

ル磁気特性」である。実際にはこの $H$, $B$, $M$ の向きは三次元的に変化するが，電磁鋼板はごく薄いため厚さ方向の変化は無視でき，$H$, $B$, $M$ を電磁鋼板面内の二次元ベクトルとして扱い電磁鋼板の磁気特性を評価する。

図 8–12 にディジタル方式で計測する場合の二次元ベクトル磁気特性測定法の励磁系を示す。ここで，$H$, $B$ が二次元のベクトルで表されるので，両者とも x 方向成分と y 方向成分に分けて計測する必要がある。

$$H = H_x i + H_y j \tag{8.12}$$

$$B = B_x i + B_y j \tag{8.13}$$

図 8–12 に示すような励磁系を用いて $B_x$, $B_y$ を制御すれば，試料の方向に対して任意の方向の**交番磁界**や**回転磁界**で試料を励磁することができる。**軸比 $\alpha$**（axis ratio）を 0（ゼロ）とすれば交番磁界，1 とすれば回転磁界となり，中間値とすれば任意の楕円磁界となる。$B_x$, $B_y$ の位相を制御すれば**傾き角 $\theta$**（inclination angle）も任意に設定することができる。

図 **8–13** に示すように $B_x$, $B_y$ を生成するために，直交する二組の励磁コイルを別々の電源で駆動する。試料は，形状異方性を持たせないために 80 mm × 80 mm などの正方形とする。試料と励磁用のヨークとの間には 0.5 mm 程度の

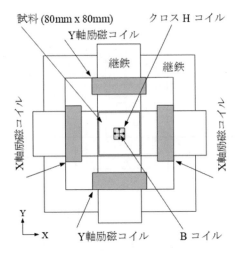

図 8-12 二次元ベクトル磁気特性測定用システム

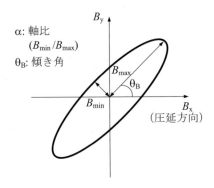

図 8-13 回転磁界

空隙を設け試料中の磁束の均一化を図る。試料の磁気特性（$H$, $B$）は試料中心部の 20 mm × 20 mm の部分を測る。$H$ を測定するために図 **8-12** 中の H コイルは，18 mm × 18 mm 程度の**クロス H コイル**（cross type H-coil）[8] を用い，$H_x$, $H_y$ を計測する。また，$B$ を測定するための **B コイル**は，試料の磁界分布や強度に影響を与えないように試料中央部（20 mm × 20 mm の範囲

にできるだけ小さな穴（＜直径 0.5 mm）をあけ，x 方向，y 方向に直径 0.1 mm 以下程度のホルマル線等を 2-3 回，十字状に巻いて $B_x$，$B_y$ を計測する。

測定した $B_x(t)$，$B_y(t)$，$H_x(t)$，$H_y(t)$ を用いて任意の傾き角 $\theta$ の交番磁界下の鉄損や，任意の軸比 $\alpha$ や傾き角 $\theta$ を持つ回転磁界下の鉄損は，次式で計算する。

$$W_i = \frac{1}{\rho T} \int_T \left( H_x(t) \frac{dB_x(t)}{dt} + H_y(t) \frac{dB_y(t)}{dt} \right) dt \tag{8.14}$$

## 8.4 各種の磁気センサ

### 8.4.1 MR 型磁気センサ

MR 素子は，磁気抵抗効果を動作原理とする磁気センサである。磁気抵抗効果とは，強磁性体（パーマロイ）や化合物半導体（InSb，NiSb，InAs，GaAs）などの素子に，印加電流と垂直方向に磁界を加えると素子内で磁化ベクトルに角度変化が生じ，その結果としてセンサの電気抵抗の変化が生じる現象をいう。

図 8–14 に MR 素子の磁界検出の原理図を示す。磁気抵抗効果を示す材料でつくられた幅 $w\,[\mathrm{m}]$，長さ $l\,[\mathrm{m}]$，厚さ $t\,[\mathrm{m}]$ の MR 素子に図の方向に電流を流し，外部磁界を印加すると $T_1$ 端子と $T_2$ 端子の間の抵抗が変化する。磁界を印加しない場合の $T_1$ 端子と $T_2$ 端子間の抵抗値を $R_0$，MR 素子の抵抗率を $\rho_0$，磁界が印加された場合の $T_1$ 端子と $T_2$ 端子間の抵抗値を $R$，MR 素子の抵抗率を $\rho$ とする。このとき，図 8–15 のように磁界の印加されていない場合は，MR 素子中の電子 $e$ は，まっすぐに $r$ の経路を移動する。一方，磁界が印加されている場合は，電子 $e$ は，磁界よりローレンツ力を受け $r + \Delta r$ の経路を移動する。$R_0$ と $R$ の比は，次式で表される。

$$\frac{R}{R_0} = \frac{\rho}{\rho_0} \frac{r + \Delta r}{r} = \frac{\rho}{\rho_0} \left( 1 + \frac{\Delta r}{r} \right) \tag{8.15}$$

ここで，$\theta\,[\text{度}]$ $(\theta \ll 1)$ はホール角 $(\theta = R_H \sigma_0 B_Z)$ とすると，図 8–15 から $a = (r + \Delta r)\sin\theta$, $b = r\cos\theta$, $c = a\sin\theta$ であり，かつ，$\theta$ はごく小さいの

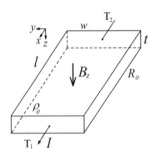

図 8-14 MR 素子

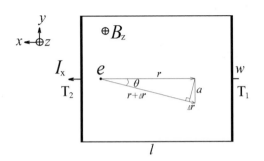

図 8-15 MR 素子の磁界検出原理

で，$\theta \approx \sin\theta$, $1 \approx \cos\theta$ となる。よって，$\dfrac{\Delta r}{r} = \sin^2\theta \approx \theta^2 \approx R_H^2 \sigma_0^2 B_Z^2$ である。ここで，$R_H$ は，ホール定数である。これより式 (8.15) は，

$$\frac{R}{R_0} = \frac{\rho}{\rho_0}\left(1 + \frac{\Delta r}{r}\right) = \frac{\rho}{\rho_0}(1 + gR_H^2\sigma_0^2 B_Z^2) \tag{8.16}$$

となる。ただし，$g$ は，MR 素子の形状で決まる定数であり，$l/w$ で決まり，$l/w$ が 0 に近いほど最大値である 1 に近づく [11]。MR 素子は，コンピュータの磁気ハードディスクの回転位置検出センサや磁気ヘッドとして多く用いられている。

### 8.4.2　MI 型磁気センサ

1993 年に毛利らによって外部磁界による磁性体のインピーダンスが著しく変化する現象である磁気-インピーダンス効果（magneto-impedance effect）が発

見された。磁気インピーダンス効果を示す磁性材としてはアモルファスワイヤ（CoFeSiB）など，磁性薄膜としてはアモルファススパッタ膜（FeCoB）などがある。磁気インピーダンス効果は，磁性ワイヤや薄膜の**MI素子**に高周波電流を電子回路と組み合わせて通電する磁気センサとして用いられる。このMI型磁気センサは，$10^{-10}$ T，10 MHz 程度の感度を持つとされている。特に，高い周波数の磁界に対して感度が高い特徴をもっている。また，その回路構成法によって一様磁界に対しても勾配磁界に対しても感度をもつものをつくることができる[13-16]。**図 8-16** に勾配型の MI 素子を用いた磁気センサのヘッドを示す[17]。ここで使用されている MI 磁気センサのヘッドは，零磁歪のアモルファスワイヤに磁気センサの直流動作点を決めるための直流バイアス巻線と交流的に負帰還をかけて安定な動作を実現する帰還巻線を施している。図中の A と C の電極と B の電極の間に高周波電流を通電する。**図 8-17** に MI 素子を使った磁気センサ用の駆動回路を示す。この回路では，CMOS 型ディジタル IC の 74AC04 にて高周波のパルス発振を行い，アモルファスワイヤにパルス電流を通電し，MI 効果を実現している。その後，差動増幅回路で磁界に関する信号を増幅する構成である。

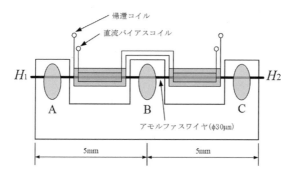

図 8-16　MI 磁気センサヘッド

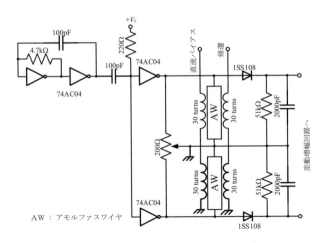

図 8–17 MI 磁気センサ駆動用電子回路

## 演習問題

(1) 空気中（透磁率 $\mu_0$）におかれた図 8–1 に示すような半径 $a\,[\mathrm{m}]$ で $N$ 回巻の円形コイルを，コイル面に垂直に磁束密度 $B(t) = B_\mathrm{m} \sin(2\pi f t)$ の磁束が通過している．このコイルに誘起される電圧 $e(t)$ を求めなさい．

(2) ホール係数 $R_\mathrm{h} = 0.02\,\mathrm{m^3/C}$，厚さ $t = 0.1\,\mathrm{mm}$ のホール素子に $10\,\mathrm{mA}$ の電流を流した．この時，ホール電圧 $V_\mathrm{h}$ が $200\,\mathrm{mV}$ となった．このホール素子に加わっている磁束密度 $B$ を求めなさい．

(3) 内径 $50\,\mathrm{mm}$，外形 $60\,\mathrm{mm}$，厚さ $5\,\mathrm{mm}$ の環状コアがある．このコアの平均磁路長 $L$ を以下の 2 つの方法で求め，比較しなさい．
    1) $\dfrac{b-a}{2a} \geq 10$ を適用したとき
    2) 理論的な値

(4) 透磁率 $\mu$ の環状コアがある．磁路の断面積が $S\,[\mathrm{m^2}]$，平均半径が $a\,[\mathrm{m}]$ である．環状コアに均一にコイルが $N$ 回巻かれている．このコイルに $I\,[\mathrm{A}]$ の電流を流した時，環状コア内の平均磁束密度 $B$，および，磁界の強さ $H$

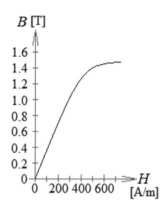

問図 8-1　初期磁化曲線

を求めなさい。

(5) **問図 8-1** に示す初期磁化曲線を持つ環状コア（内径 50 mm，外形 60 mm，厚さ 5 mm，断面は 5 mm × 5 mm の正方形）に励磁コイルを 100 回均一に巻き，コイルに励磁電流 $I$ を 0.8 A 流した。コア中の磁束密度を求めなさい。なお，コア断面の磁束密度 $B$ は一定とし，コアの平均磁路長 $L$ は，簡易的な方法で求めなさい。

## 実習：*Let's active learning!*

(1) ホール素子を用いて静的な最大 ±1 mT の磁界が測定可能な磁束密度計を製作するために必要な電子回路を演算増幅器を用いて設計してみよう。表示回路は，±1 V フルスケールの直流電圧計を使用することとする。なお，ホール素子や演算増幅器の最大定格や動特性などの詳細を示すカタログがインターネット上に公開されている。探してみよう。たとえば，ホール素子は，旭化成電子製 HG-106A，演算増幅器は，TEXAS INSTRUMENNTS 製 LF356 などがある。

(2) 設計したホール素子を利用した磁束密度計の校正方法を，簡易的な方法と厳密な方法に分けて調べてみよう。

### 演 習 解 答

(1) $e(t) = -NS_\text{S}\dfrac{dB(t)}{dt}$ より,

$$e(t) = -N2\pi a^2 \dfrac{dB(t)}{dt} = -4\pi^2 a^2 fNB\cos(2\pi ft)\,[\text{V}]$$

(2) $V_\text{h} = R_\text{h}\dfrac{I_\text{x}}{t}B$ より, $B = \dfrac{tV_\text{h}}{R_\text{h}I}$ なので, $B = 1.0\,\text{T}$

(3) ① $\dfrac{b-a}{2a} \geq 10$ を適用したとき
② 理論的な値
① $L \approx \pi\dfrac{(a+b)}{2}$ より, $L = \pi\dfrac{(0.05+0.06)}{2}$　$L = 0.17279\,\text{m}$
② $L = \dfrac{\pi(b-a)}{\log_e\left|\dfrac{b}{a}\right|}$ より, $L = 0.17231\,\text{m}$

(4) アンペアの周回積分の法則を適用すると, $\oint \boldsymbol{H}\cdot d\boldsymbol{l} = H\oint d\boldsymbol{l} = 2\pi aH = NI$ である。よって, $H = \dfrac{NI}{2\pi a}\,[\text{A/m}]$

また, $B = \mu H$ より, $B = \dfrac{\mu NI}{2\pi a}\,[\text{T}]$

(5) コアの平均磁路長 $L$ は, 平均直径 $d = (0.06+0.05)/2$ より, $L = 0.17279\,\text{m}$

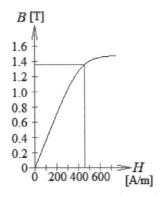

解図 8–1　初期磁化曲線解答

である。よって，$H = \dfrac{NI}{L}$ より，$H = 462\,\mathrm{A/m}$ となる。これを，**解図 8-1** の初期磁化曲線の中に作図すると $B \fallingdotseq 1.35\,\mathrm{T}$ となる。

## 引用・参考文献

1) 山口昌一郎：基礎電磁気学改定版，電気学会，2002．
2) 毛利佳年雄：磁気センサ理工学，コロナ社，1998．
3) 大浦宣徳，関根松雄：電気・電子計測，昭晃堂，1999．
4) 西野治：改定電気計測，コロナ社，1973．
5) 後藤健一，山崎修一郎：詳解電磁気学演習，共立出版，2007．
6) 榎園正人：二次元ベクトル磁気特性，日本応用磁気学会誌，Vol.2, No.2, pp.50–58, 2007．
7) 榎園正人：二次元磁気特性，電気学会論文誌 A, Vol.115, No.1, pp.1–8, 1995．
8) 榎園正人：ベクトル磁気特性技術と設計法，科学情報出版株式会社，2015．
9) 石原好之：電力用磁性材料に関する最近の話題，電気学会論文誌，Vol.119, No.7, pp.428–431, 1999．
10) 近角聰信：強磁性体の物理，裳華房，1999．
11) 稲荷隆彦：基礎センサ工学，コロナ社，2009．
12) 電気学会マグネティクス技術委員会：磁気工学の基礎と応用，コロナ社，2000．
13) 毛利佳年雄：磁気センサ理工学（増補），コロナ社，2016．
14) K. Bushida and K. Mohri：Highly Sensitive and Quick-Response Colpitts-Oscillator-Type Current Sensor Using an Amorphous Magnetic Wire MI Element, Journal of the Magnetics Society of Japan, Vol. 20, No. 2, pp. 629–632, 1996.
15) K. Bushida, K. Mohri, T. Kanno, D. Katoh and A. Kobayashi：Amorphous Magnetic Wire MI Micro Magnetic Sensor For Gradient Field Detection", IEEE Transactions on Magnetics, Vol. 32, No. 5, pp. 4944–4946, 1996.
16) T. Kanno, K. Mohri, T. Yagi, T.Uchiyama and L. P. Shen：Amorphous Wire MI Micro Sensor Using C-MOS IC Multivibrator, IEEE Transactions on Magnetics, Vol. 33, No. 5, pp. 3358–3360, 1997.
17) M. Oka and M. Enokizono, High Sensitive ECT Probe Using a Differential Type Magneto-Impedance Effect Sensor for a Small Reverse-Side Crack, Studies in Applied Electromagnetics and Mechanics 17, Electromagnetic Non-destructive Evaluation (IV), (Proceedings of E'NDE-Iowa, USA), IOS Press,

Vol. 17, pp. 95–102, 2000 (6).
18) 山口昌一郎:基礎電磁気学改定版,電気学会,2002.

# 9章　波形と周波数の測定

　本章では時間変化する信号の波形観測や周波数，位相の測定方法を学ぶ。電圧計や電流計は測定対象の大きさを測るための測定器であったが，電圧や電流の時間変化を観測したい場面も多い。波形測定器の代表例としてオシロスコープがあるが，近年ではディジタルオシロスコープが主流である。オシロスコープでは波形観測の他，周波数や2つの波形の位相が測定可能である。
　商用周波数 (50, 60 Hz) の交流の測定には，電流力計形周波数計，比率計形周波数計がある。周波数ブリッジを用いれば可聴周波数 (20 kHz) 程度までの周波数を測定できる。周波数カウンタでは数 10 MHz 帯まで精度良く周波数の測定が可能である。位相の測定には電子式位相計やオシロスコープ，リサジューから求める方法などがある。

## 9.1　オシロスコープ

　オシロスコープは測定対象の時間変化する電圧変化を波形として画面上に表示できる波形測定器であり，DC から数百 MHz までの電圧波形を観測できる。オシロスコープにはブラウン管を用いたアナログオシロスコープとディジタルオシロスコープがあり，近年はディジタルオシロスコープが主流である。**表 9–1** に特徴を示す。どちらにおいても電圧信号の立ち上がり波形やひずみ波形を観測できる。ディジタルオシロスコープでは種類によっては数 GHz 帯までの波形が観測できるものや信号の周波数分析をできるもの（スペクトラムアナライザ）まで多様である。

表 9–1 オシロスコープの特徴

| | アナログオシロスコープ | ディジタルオシロスコープ |
|---|---|---|
| 長所 | ・リアルタイム性がある<br>・輝線の明るさが頻度を増す | ・単発や繰り返し頻度が少ない信号でも大丈夫<br>・結果データの保存が容易<br>・波形の解析を行うことができる |
| 短所 | ・単発や繰り返し頻度が少ない信号は苦手<br>・結果データの保存ができない<br>・波形の解析機能がない | ・リアルタイム性に欠ける<br>・頻度を表せない |

### 9.1.1 アナログオシロスコープ

アナログオシロスコープ（analog oscilloscope）は，波形表示にブラウン管を用いて制御回路をアナログ電子回路で構成した波形測定器のことである。ブラウン管はドイツのカール・フェルディナント・ブラウン（Karl Ferdinand Braun）によって 1897 年に考案された CRT（cathode ray tube：陰極線管）であり，アナログブラウン管 TV やパソコンの CRT ディスプレイとして広く使われてきた。

**(1) 原理**

図 9–1 にアナログオシロスコープの構成を示す。波形の表示にはブラウン管（CRT）が用いられる。電子銃でカソード（陰極）から電子ビームを発生させ，電子ビームを垂直偏向電極と水平偏向電極で偏向し，その電子がブラウン管に当たって発光することで波形が観測できる。

垂直偏向電極では，減衰または増幅処理をした測定信号を垂直偏向電極に印加することで，信号の大きさに比例して電子ビームを垂直方向に偏向する。

水平偏向電極では，のこぎり波電圧を印加することで電子ビームを左から右へ掃引し偏向する。これらを組み合わせることで信号波形をブラウン管上に表示する。このとき，のこぎり波の周期が信号波形の周期の整数倍となるように調整すると画面上で波形が静止して見える。これを同期（synchronization）と

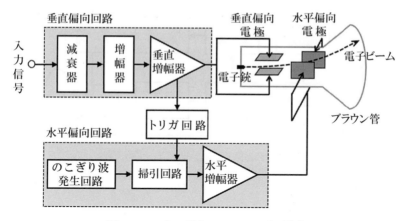

図 9–1　アナログオシロスコープの構成

いう。トリガ（trigger）では信号波形の電圧がしきい値電圧（トリガ電圧）を超えるタイミングでのこぎり波の周期を決定し，測定波形を静止する。

### 9.1.2　ディジタルオシロスコープ

ディジタルオシロスコープ（digital oscilloscope）は，測定信号の電圧をディジタル量に変換し，各種演算処理を行って LCD（liquid crystal display：液晶ディスプレイ）に波形を表示する装置である。現在はアナログオシロスコープに代わって広く利用されている。

**(1)　原理**

図 9–2 に構成例を示す。測定対象の入力信号（電圧）を減衰または増幅処理をして表示させたい大きさに処理した後，AD 変換でディジタル信号に変換し，波形メモリに記憶する。波形データを必要に応じてさまざまなデータ処理を行い，液晶ディスプレイに波形を表示する。

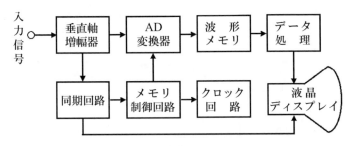

図 9-2　ディジタルオシロスコープの原理

### 9.1.3　プローブの種類

オシロスコープによる電圧波形観測にはプローブ（probe）を用い，BNC端子で接続する。プローブは**表 9-2**に示すようにさまざまな種類があり，測定信号の大小や周波数に合わせて選択する。プローブはグラウンド（GND）を基準として電圧を測定するタイプ（シングルエンド）が一般的である。一方，GNDを持たずに相互の電圧差を測定する差動プローブもある。

オシロスコープの入力インピーダンスは $1\,\mathrm{M\Omega}$ と高いが，インピーダンスの高い回路の信号電圧を測定するときには，負荷効果（計器を挿入したことによる測定誤差）の影響が問題となる。これを減らすためにプローブには減衰率を変更する機構が備わっている。プローブには ×1（1:1），×10（10:1）などの切り替えスイッチがある。×10 では信号電圧を 1/10 に減衰させて測定する。×10

表 9-2　プローブの分類

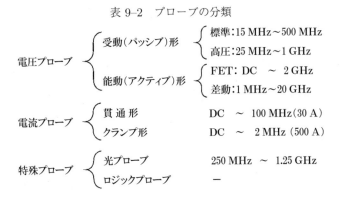

ではオシロスコープの入力インピーダンスが 10 倍になるので負荷効果の影響を小さくできる。プローブを ×10 に変えた場合にはオシロスコープの波形の振幅を 10 倍にして読み替えるか,オシロスコープ側で減衰率(倍率)を設定して波形を観測する。

### (1) 電圧プローブ

電圧プローブには受動(パッシブ)形と能動(アクティブ)形がある。受動形の電圧プローブは受動部品(抵抗,インダクタ,コンデンサ)で構成されるプローブで電源が不要である。測定電圧は 400 V 程度,測定周波数は数 100 MHz までの波形観測に広く用いられている。高電圧プローブを用いれば 10 kV 以上の高電圧も測定できる。高電圧プローブの減衰比は 1000 : 1 などである。

一方,能動形の電圧プローブは能動素子(FET など)を用いたプローブで外部電源が必要である。測定電圧は最大 10 V 程度と低いが,1 GHz までの高周波の電圧信号の観測が可能である。

### (2) 電流プローブ

電流プローブは電流波形を電圧波形として取り出すプローブで,貫通形とクランプ形がある。検出原理により,トランス形,ホール素子形,ロゴスキーコイル形などに分類される。貫通形はコアに測定対象のケーブルを通す必要があるが広帯域の測定が可能である。クランプ型では測定対象のケーブルを挟み込むだけで測定が可能である。100 mV/A の電流プローブであれば,100 mV を 1 A として波形の振幅を読み取る。

## 9.2 位相測定

### 9.2.1 オシロスコープを用いた位相測定

#### (1) オシロスコープの波形観測による位相測定

2ch (2 現象) オシロスコープを用いて,同一周波数で位相の異なる 2 つの波

形を同時に観測することで，そのピークのズレから位相差を求めることができる。図 9-3 のように，2 つの波形の 1 周期を $T$ 秒，両波形のピークとピークの時間差を $\Delta t$ とすれば，1 周期が 360° の関係から位相差 $\theta$ は次式から求められる。

$$\theta = 360 \frac{\Delta t}{T} \ [°] = 2\pi \frac{\Delta t}{T} \ [\text{rad}] \tag{9.1}$$

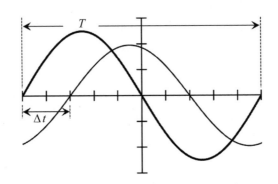

図 9-3　波形観測からの位相測定

### (2) リサジュー図からの位相測定

オシロスコープのリサジュー表示（XY 表示）機能を用いれば，同一周波数で位相の異なる 2 つの波形の位相差を測定することができる。オシロスコープの水平軸 $x$ と垂直軸 $y$ に測定したい 2 つの波形を入力してリサジュー図を表示すると，図 9-4 のように画面上に楕円が表示される。位相差 $\theta$ は図中の $A$ および $a$ から次式により求められる。位相差 0° の場合は直線，位相差 90° の場合は真円となる。

$$\theta = \sin^{-1} \frac{a}{A} \tag{9.2}$$

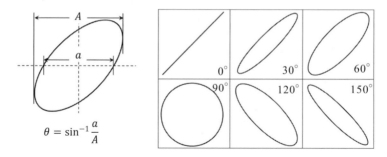

図 9–4 リサジュー図による位相測定

## 9.2.2 電子式位相計

電子式位相計は位相を直読できる計測器である。測定方式には方形波による方式，パルス計数器による方式，位相検波器と電圧制御発振器による方式などがあるが，ここでは一般的に用いられる方形波による方式について取り上げる。

方形波による方式では図 9–5 のように同一周波数で位相の異なる 2 つの波形 $v_1$，$v_2$ を増幅器，リミッタ回路を通してそれぞれを方形波 $v_1'$，$v_2'$ に変換する。これらの方形波の差分 $v_1' - v_2'$ のパルス幅が位相差となる。このパルス幅を半波整流して平均電圧計で読み取ることで，位相に比例した電圧として読み取る。

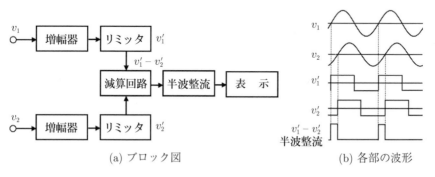

図 9–5 電子位相計の原理

### 9.2.3　3電圧計法や3電流計法による位相測定

6章で述べた3電圧計法および3電流計法を用いると，力率 $\cos\theta$ の式より電圧と電流の位相差 $\theta$ が計算で求めることができる．

$$3\text{電圧計法より}\quad \theta = \cos^{-1}\frac{V_3^2 - V_1^2 - V_2^2}{2V_1 V_2} \tag{9.3}$$

$$3\text{電流計法より}\quad \theta = \cos^{-1}\frac{I_3^2 - I_1^2 - I_2^2}{2I_1 I_2} \tag{9.4}$$

## 9.3　信号発生器と周波数の測定

### 9.3.1　信号発生器

電子機器の開発や素子の特性評価においては，交流信号を印加する場面が多く，低周波発振器やファンクションジェネレータなどの信号発生器が用いられる．信号発生器の出力電圧は最大 10 V 程度，出力電力は最大 10 W 程度であり，ロジック回路の評価が可能である．より大きい電力（電流）が必要な場合には，バイポーラ電源などのアンプで信号を増幅して使用する．

**(1)　低周波発振器**

低周波発振器（low frequency oscillator）は，5 Hz-数 MHz 程度の周波数帯の正弦波，方形波を発生させることのできる信号発生器である．たとえば，**図 9–6** のようにウィーンブリッジ発振回路により RC 発振回路を構成する．発振周波数 $f$ は次式で与えられる．

$$f = \frac{1}{2\pi R_1 C_1} \tag{9.5}$$

バリコン $C_1$ の値を調整することで周波数を増減でき，可変抵抗 $R_1$ の値で周波数の倍率を変更する．これにより任意の周波数の正弦波を出力する．また，波形変換回路を通すことで方形波を出力できる．

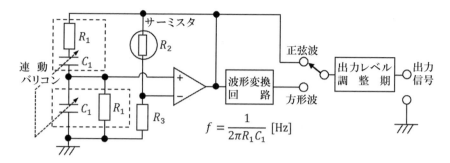

図 9-6　低周波発振器の構成（ウィーンブリッジ発振回路）

**(2) ファンクションジェネレータ**

ファンクションジェネレータ（function generator）は周波数が数 mHz-10 MHz 程度の正弦波の他，三角波，方形波などを発生できる信号発生器であり，アナログ方式とディジタル方式がある。ディジタル方式ではのこぎり波，duty 比可変の矩形波，任意信号波形などの多様な波形出力が可能なものが市販されている。

**図 9-7** にアナログ方式の構成を示す。まず，正負の定電流を積分回路に通すことで三角波を生成する。生成した三角波を正弦波変換器（ローパスフィルタ）に通すことで正弦波を出力できる．また，三角波を電圧比較回路（コンパレータ）に通すことで矩形波を出力できる。

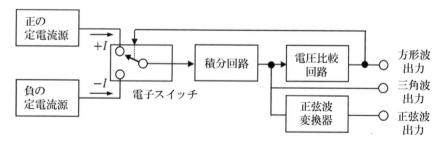

図 9-7　ファンクションジェネレータの構造（アナログ方式）

### 9.3.2 周波数の測定

オシロスコープを用いれば数 Hz から数 100 MHz までの周波数や位相を測定できる。また，電流力計形周波数計や比率計形周波数計を用いれば商用周波数帯（50, 60 Hz）の周波数が測定可能である。周波数ブリッジ（ウィーンブリッジや共振ブリッジなど）を用いれば可聴周波数（〜20 kHz）までの周波数が測定可能である。ノイズが乗った歪波形の周波数を測定する場合には，スペクトラムアナライザを用いる方法が有効である。周波数カウンタを用いれば数 Hz-数 10 MHz の周波数が測定できる。

**(1) 周波数カウンタ**

周波数カウンタは，測定対象の入力波形を矩形波に変換した後，単位時間内の立ち上がりパルス数をカウントすることで周波数を算出して表示する測定器である。周波数カウンタの原理を図 9–8 に示す。入力波形を波形整形回路（減衰器，増幅器，コンパレータ）に通して入力波の立ち上がりパルスを生成する。このパルスと矩形波をゲート回路に通して基準時間 $t$ でのパルス数を計数回路でカウントする。このカウント数が $N$ のとき，周波数 $f$ は次式から求まる。これをディジタル表示している。

$$f = \frac{N}{t} \tag{9.6}$$

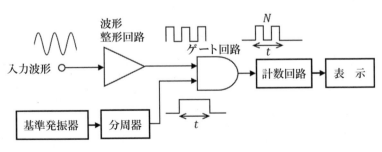

図 9–8 周波数カウンタの原理

周波数カウンタでは，正負をまたぐノイズもカウントしてしまうため，正しい周波数が計測できない．このような場合にはスペクトラムアナライザを用いることで，基本波の周波数から入力波形の周波数を測定することができる．

## 9.4 波形の記録

### 9.4.1 記録計

グラフ記録計（graph recorder）は直流から数 Hz 程度までの目に見えるゆっくりした変化の電圧または電流の時間変化を紙媒体に記録する計測器であり，古くから広く用いられている．

基本原理を図 9-9 に示す．サーボモータを制御して測定対象の電圧変化に比例してペンの位置を移動させる．記録紙としてロール紙が使われ，設定した時間（速度）で送り出される．記録紙の上を先ほどのペンが移動することで，横軸を時間，縦軸を入力信号の振幅とする波形を描くことができる．ペンの移動速度は 1 m/s 程度であるため，目に見える程度のゆっくりした電圧の変化を長期的に記録するのに適している．

2 つの入力信号で $x$ 軸と $y$ 軸の両軸をサーボモータで動かして記録紙に描く

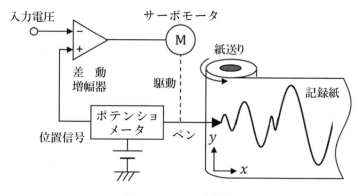

図 9-9　グラフ記録計

ようにしたものを XY レコーダ (XY recorder) といい, ダイオードの電圧電流特性の測定などに用いられる.

### 9.4.2 データロガー

データロガー (data logger) は, 信号電圧を断続的に長期間自動的に記録できるディジタル測定器であり, 広く利用されている. 信号の記録間隔 (サンプリング間隔) は数ミリ秒～数時間などに設定が可能でありメモリに保存される. 複数チャンネルで同時サンプリングが可能なモデルや, 電圧の記録以外にも熱電対温度測定機能, XY レコーダ機能, オシロスコープ機能などを有したモデルもある.

## 9.5 信号成分の解析

### 9.5.1 ロジックアナライザ

ロジックアナライザは複数のディジタル信号のオンオフ状況や, それらのタイミングを観測する装置である. ディジタル信号をさまざまな条件でトリガすることができ, システムの動作テストやデバックに活用されている.

### 9.5.2 スペクトラムアナライザ

スペクトルとは信号が持つ成分を, 横軸を周波数, 縦軸を電圧レベルまたは電力レベルとしてグラフ化したものである. スペクトラムアナライザは数 10 GHz までの信号のスペクトルを表示することができる計測器であり, 通信機器の信号成分や高周波ノイズの観測・評価などに用いられる. 同調掃引方式と高速フーリエ変換 (FFT) 方式がある.

**(1) 同調掃引方式**

同調掃引方式の原理を図 9-10 に示す. アナログ回路で構成されており, バンドパスフィルタの中心周波数を掃引 (スイープ, sweep) していく方式であ

る。古くから利用されている方式であるが，近年は IF 段以降や検波部以降がディジタル回路になっている。周波数範囲は局所発振器の周波数に依存するが GHz 帯までの広帯域も 1 回の掃引で観測でき，ダイナミックレンジが広いのが特徴である。ただし，原理的にフィルタで周波数を変えて掃引するため周期内で波形が安定しない信号の観測には適さない。

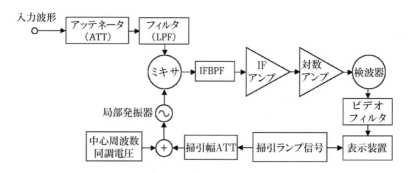

図 9-10 同調掃引方式スペクトラムアナライザの動作原理

**(2) 高速フーリエ変換（FFT）方式**

高速フーリエ変換（FFT）方式のスペクトラムアナライザの動作原理を図 9-11 に示す。IF フィルタの出力を AD 変換し，高速フーリエ変換（FFT）す

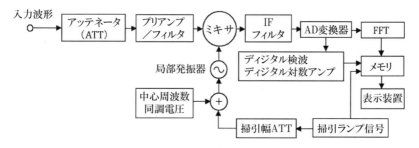

図 9-11 高速フーリエ変換（FFT）方式のスペクトラムアナライザの動作原理

ることでスペクトルを表示する方式である．AD変換があるため周波数帯域が1GHz程度と帯域面では同調掃引方式より劣るが，スペクトルが時々刻々と変化する信号に対応できる特徴がある．ダイナミックレンジは14bit以上が一般的である．

最近のディジタルオシロスコープにはFFT方式のスペクトラム解析を搭載する機種があるが，ダイナミックレンジはAD変換器の性能に依存するため高くはない（8bit程度）．

## 演習問題

(1) 次の文章の(1)～(4)に適する用語を解答群から選び，記号で答えなさい．

アナログオシロスコープで正弦波を観測する場合は，(1)偏向電極には振幅を処理した(2)電圧を印加して，その電圧に比例して電子ビームを上下方向に偏向する．次に(3)偏向電極には(4)電圧を印加することで電子ビームを左から右に掃引する．両者の偏向電極を通過した電子ビームが蛍光管上で発光することでブラウン管には正弦波が観測される．

解答群
A：正弦波，B：三角波，C：のこぎり波，D：矩形波，E：直流，F：交流，G：垂直，H：水平

(2) アナログオシロスコープの原理について**問図9–1**の中から正しい波形を答えなさい．

(1) 垂直偏向電極のみに正弦波電圧を加えた場合に表示される波形

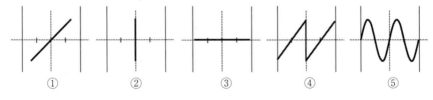

問図9–1　表示波形

(2) 水平偏向電極のみにのこぎり波電圧を加えた場合に表示される波形
(3) (1) と (2) の両方の電極を通過した場合に表示される波形

(3) オシロスコープで**問図 9–2** の電圧波形を観測した。位相差を求めなさい。

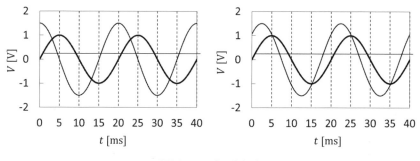

問図 9–2　観測波形

(4) **問図 9–3** のリサジュー図から位相差を求めなさい。

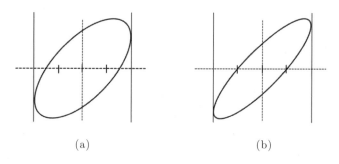

問図 9–3　リサジュー図

## 実習；*Let's active learning!*

(1) ブラウン管（CRT）や液晶ディスプレイ（LCD），有機 EL ディスプレイについてそれぞれの特徴を調べてみよう。

演 習 解 答

(1) (1) G  (2) A  (3) H  (4) C
(2) (1) ②  (2) ③  (3) ⑤
(3) (1) 1周期 $T = 20\,\mathrm{ms}$ に対して $t = 5\,\mathrm{ms}$ の周期のズレがある。1周期は $2\pi\,(360°)$ であるので，位相差 $\theta$ は $\theta = \dfrac{5}{20}360 = 90°$

　(2) 同様に $t = 2.5\,\mathrm{ms}$ の周期のズレがあるので位相差 $\theta$ は
$\theta = \dfrac{2.5}{20}360 = 45°$

(4) (a) A は 4 目盛り，a は 3 目盛りであるので式 (9.2) より

$$\theta = \sin^{-1}\dfrac{a}{A} = \sin^{-1}\dfrac{3}{4} = 48.6°$$

　(a) A は 4 目盛り，a は 2 目盛りであるので式 (9.2) より

$$\theta = \sin^{-1}\dfrac{a}{A} = \sin^{-1}\dfrac{2}{4} = 30°$$

引用・参考文献

1) 坂巻佳壽美，大内繁男：知っておきたい計測器の基本［第1版］，オーム社，2014．
2) 岩﨑 俊：電磁気計測［第1版］，コロナ社，2002．
3) 桐生昭吾，宮下 收，元木 誠，山﨑貞朗：基本からわかる電気電子計測講義ノート［第1版］，オーム社，2015．
4) 阿部武雄，村山 実：電気・電子計測［第3版］，森北出版，2012．

# 10章　マイクロ波の測定

数 10 MHz 帯の高周波信号では測定回路の銅線抵抗や誘導インダクタンス，浮遊容量により測定結果に不確かさが生じるため対策が必要である．また，波長 1 m 以下（周波数 300 MHz 以上）の RF 周波数（マイクロ波）は空間を伝播する波動としての性質を持つため，分布定数線路として取り扱う必要がある．本章ではマイクロ波のインピーダンス測定および電力測定について学ぶ．

## 10.1　マイクロ波の特徴

マイクロ波（microwave）とは，波長 1 m から 1 mm（周波数 300 MHz から 300 GHz）の領域の電磁波のことを指す．マイクロ波の身近な使用例は，携帯電話やラジオ，テレビ，ワイヤレス無線 LAN などの無線通信，電子レンジ（マイクロ波加熱），IH クッキングヒーターがある．その他にもレーダー，衛星放送，マイクロ波送電，マイクロ波イメージング，マイクロ波治療など多岐に利用されている．マイクロ波は波動として振る舞うため，分布定数線路として取り扱う必要がある（**表 10–1**）．

表 10–1　電気回路とマイクロ波回路の比較

|  | 電気回路 | マイクロ波回路 |
|---|---|---|
| 電　源 | 電圧源，電流源 | マグネトロン，送信機 |
| 等価回路 | 集中定数回路（電気回路） | 分布定数回路（波動方程式） |
| 線　路 | 往復導線（単線，撚り線） | 同軸ケーブル，導波路 |
| 共振，整合 | 受動素子（$R, L, C$） | 同軸共振器，空洞共振器 |

### 10.1.1 分布定数線路

マイクロ波は波動の性質を持ち，分布定数線路として扱う必要があるため，ここでは基本理論を学習する。

分布乗数回路とは波長よりも十分に長い線路を扱うときに線路長で電気的特性（$R$, $L$, $C$ 成分）が変化して電圧や電流が周期的に変化する伝送線路のことである。波長 $\lambda$ [m] と周波数 $f$ [Hz] の積は光速 $c$ [m/s] となる。

$$c = f\lambda = 3 \times 10^8 \quad [\text{m/s}] \tag{10.1}$$

ここで導線長 $l$，高周波電圧の波長 $\lambda$ とすると，$l \ll \lambda$ ならば通常の電気回路（集中定数回路）として取り扱うことができる。$l > \lambda$ ならば分布定数回路として取り扱う必要がある。たとえば，周波数 1 GHz の波長は $\lambda = 0.3$ m であるので，1 GHz の高周波電圧を導線または電子回路に印加した場合，電気的特性（$R$, $L$, $C$）が $\lambda = 0.3$ m 毎に周期的に変化するため，分布定数回路で扱う必要がある。

### 10.1.2 入射波および反射波

図 10–1 の分布定数線路を考える。単位長あたりの直列インピーダンスを $\dot{Z} = R + j\omega L$，並列アドミタンスを $\dot{Y} = G + j\omega C$ とすると，**特性インピーダンス** $\dot{Z}_0$ (characteristic impedance) と**伝搬定数** $\dot{\gamma}$ (propagation constant) は以下で定義される。

$$\text{特性インピーダンス：} \quad \dot{Z}_0 = \sqrt{\frac{\dot{Z}}{\dot{Y}}} = \sqrt{\frac{R + j\omega L}{G + j\omega C}} \tag{10.2}$$

$$\text{伝搬定数：} \quad \dot{\gamma} = \alpha + j\beta = \sqrt{\dot{Z}\dot{Y}} = \sqrt{(R + j\omega L)(G + j\omega C)} \tag{10.3}$$

ここで，$\alpha$ を減衰定数，$\beta$ を位相定数と呼ぶ。MHz 以上の高周波では $R$, $G$ が無視できる場合が多く，この場合（$\alpha = 0$）の特性インピーダンス $\dot{Z}_0$ および伝搬定数 $\dot{\gamma}$ は以下となる。

## 10.1 マイクロ波の特徴

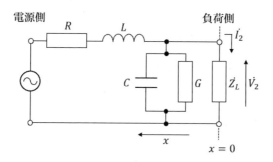

図 10–1 分布定数線路

$$\dot{Z}_0 = \sqrt{\frac{L}{C}} = \sqrt{\frac{\mu}{\varepsilon}} \quad (10.4)$$

$$\dot{\gamma} = j\beta, \ \beta = \omega\sqrt{LC} \quad (10.5)$$

ただし，無損失 ($\alpha = 0$) のとき

式中の $\mu$, $\varepsilon$ は媒質の透磁率，誘電率である．信号伝送や電気計測の用途で用いる同軸ケーブルの特性インピーダンスは $50\,\Omega$ や $75\,\Omega$ である．

特性インピーダンス $\dot{Z}_0$ の伝送線路の受電端（負荷端）から電源方向への距離 $x$ における電圧 $\dot{V}(x)$ および電流 $\dot{I}(x)$ は次式で与えられる．

$$\dot{V}(x) = \dot{V}_2\cosh\dot{\gamma}x + \dot{Z}_0\dot{I}_2\sinh\dot{\gamma}x \quad (10.6)$$

$$\dot{I}(x) = \dot{I}_2\cosh\dot{\gamma}x + \frac{\dot{V}_2}{\dot{Z}_0}\sinh\dot{\gamma}x \quad (10.7)$$

$$\left(公式: \sinh x = \frac{e^x - e^{-x}}{2}, \ \cosh x = \frac{e^x + e^{-x}}{2}\right)$$

ここで $\dot{V}_2$, $\dot{I}_2$ は受電端（$x = 0$）における電圧，電流値とする．

負荷 $\dot{Z}_L$ を受電端（$x = 0$）に接続したとき，距離 $x$ におけるインピーダンス $\dot{Z}(x)$ は式 (10.6) を式 (10.7) で除算して，$\dot{Z}_L = \dot{V}_2/\dot{I}_2$ にて整理すると次式となる．

$$\dot{Z}(x) = \frac{\dot{V}(x)}{\dot{I}(x)} = \frac{\dot{Z}_L\cosh\dot{\gamma}x + \dot{Z}_0\sinh\dot{\gamma}x}{\cosh\dot{\gamma}x + \frac{\dot{Z}_L}{\dot{Z}_0}\sinh\dot{\gamma}x} \quad (10.8)$$

上式を特性インピーダンス $\dot{Z}_0$ で割って正規化し整理すると次式が得られる。ここで，$\dot{z}(x)$ を**正規化インピーダンス**と呼ぶ。

$$\dot{z}(x) = \frac{\dot{Z}(x)}{\dot{Z}_0} = \frac{(\dot{Z}_L/\dot{Z}_0) + \tanh \dot{\gamma} x}{1 + (\dot{Z}_L/\dot{Z}_0)\tanh \dot{\gamma} x} = \frac{\dot{z}_t + \tanh \dot{\gamma} x}{1 + \dot{z}_t \tanh \dot{\gamma} x} \quad (10.9)$$

ただし，$\dot{z}_t = \dot{Z}_L/\dot{Z}_0$

また，式 (10.6)，式 (10.7) の距離 $x$ での電圧，電流を指数関数（定義：$e^{\pm x} = \cosh x \pm \sinh x$）で表すと次式となる。

$$\dot{V}(x) = \frac{\dot{V}_2}{2}\left(1 + \frac{\dot{Z}_0}{\dot{Z}_L}\right)e^{\dot{\gamma} x} + \frac{\dot{V}_2}{2}\left(1 - \frac{\dot{Z}_0}{\dot{Z}_L}\right)e^{-\dot{\gamma} x} \quad (10.10)$$

$$\dot{I}(x) = \frac{1}{\dot{Z}_0}\left\{\frac{\dot{V}_2}{2}\left(1 + \frac{\dot{Z}_0}{\dot{Z}_L}\right)e^{\dot{\gamma} x} - \frac{\dot{V}_2}{2}\left(1 - \frac{\dot{Z}_0}{\dot{Z}_L}\right)e^{-\dot{\gamma} x}\right\} \quad (10.11)$$

第 1 項（$e^{\dot{\gamma} x}$ 項）が入射波，第 2 項（$e^{-\dot{\gamma} x}$ 項）が反射波を表す。入射波と反射波の重ね合わせであるので波長 λ（周波数）に依存する定在波が生じることがわかる。ここで，入射波に対する反射波の強度比を**反射係数** $\Gamma$ という。反射係数は dB で表され，$20\log_{10}|\Gamma|$ [dB] となる。$-20\,\mathrm{dB}$ ならば $\Gamma = 0.1$ である。

電圧反射係数 $\dot{\Gamma}_v$ および電流反射係数 $\dot{\Gamma}_i$ は次式となる。

$$\dot{\Gamma}_v = \frac{反射波}{入射波} = \frac{1 - \dot{Z}_0/\dot{Z}_L}{1 + \dot{Z}_0/\dot{Z}_L}e^{-2\dot{\gamma} x} = \frac{\dot{Z}_L - \dot{Z}_0}{\dot{Z}_L + \dot{Z}_0}e^{-2\dot{\gamma} x} = -\dot{\Gamma}_i$$
$$(10.12)$$

また，正規化インピーダンス $\dot{z}(x)$ と電圧反射係数 $\dot{\Gamma}_v$ の関係は次式で表される。

$$\dot{z}(x) = \frac{\dot{Z}(x)}{\dot{Z}_0} = \frac{1 + \dot{\Gamma}_v(x)}{1 - \dot{\Gamma}_v(x)} \quad (10.13)$$

負荷 $\dot{Z}_L$ が特性インピーダンス $\dot{Z}_0$ と等しいときには反射波は生じず反射係数は $\dot{\Gamma}_v = 0$ である。この状態もしくはこの状態にすることをインピーダンス整合といい，電源の電力がすべて負荷で消費される。$\dot{Z}_L$ と $\dot{Z}_0$ が異なるときには

## 10.1 マイクロ波の特徴

反射係数は $0 < \left|\dot{\Gamma}_\mathrm{v}\right| < 1$ の値をとり電源に戻る反射波が生じる。$\left|\dot{\Gamma}_\mathrm{v}\right| = 1$ は完全反射である。

無損失線路 ($\alpha = 0$) の場合，距離 $x$ における電圧，電流を電圧反射係数 $\dot{\Gamma}_\mathrm{v}$ で表すと式 (10.10)，式 (10.11)，および式 (10.12) より次式となる。

$$\dot{\Gamma}_\mathrm{v}(x) = \dot{\Gamma}_{\mathrm{v}t} e^{-j2\beta x} \tag{10.14}$$

$$\dot{V}(x) = V_1' \left\{1 + \dot{\Gamma}_\mathrm{v}(x)\right\} e^{j2\beta x} \tag{10.15}$$

$$\dot{I}(x) = \frac{V_1'}{\dot{Z}_0} \left\{1 - \dot{\Gamma}_\mathrm{v}(x)\right\} e^{j2\beta x} \tag{10.16}$$

ただし，$\dot{\Gamma}_{\mathrm{v}t}$ は $x = 0$ における反射係数，$V_1' = \dfrac{\dot{V}_2}{2}\left(1 + \dfrac{\dot{Z}_0}{\dot{Z}_\mathrm{L}}\right)$ である。距離 $x$ における電圧，電流の関係を図示すると**図 10–2** のような波形となる。電圧が最大のときは電流が最小，電圧が最小のときは電流が最大となり，電圧または電流波形は $\lambda/2$ 毎に最大値と最小値を繰り返すことがわかる。

電圧，電流の最大値と最小値の比 $\rho$ をそれぞれ VSWR (voltage standing wave ratio：電圧定在波比)，CSWR (current standing wave ratio：電流定在波比) という。電圧が最大値と最小値になる位置ではインピーダンスがそれぞれ最大値 $Z_{\max}$ と最小値 $Z_{\min}$ をとり，純抵抗成分のみとなる。**定在波比** $\rho$ と反射係数の関係は次式となる。

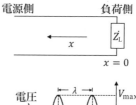

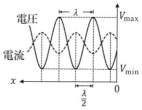

図 10–2　電圧と電流の定在波

$$\rho = \frac{V_{\max}}{V_{\min}} = \frac{1 + \left|\dot{\Gamma}_{\mathrm{v}t}\right|}{1 - \left|\dot{\Gamma}_{\mathrm{v}t}\right|} \tag{10.17}$$

### 10.1.3 S パラメータ

高周波の周波数特性を表すのに **S パラメータ**(scattering parameters)が用いられる。S パラメータとは入射波と反射波の関係を特徴付けるパラメータであり,透過係数と反射係数で構成される。10.4 で述べるネットワークアナライザでは,テスト信号を入力して(DUT と呼ぶ)S パラメータを測定できる。

ここで,図 10–3 の 2 ポートの 4 端子回路の S 行列を考える。一方のポートを特性インピーダンス $\dot{Z}_0$ で終端した場合,ポート 1 の入射波を $a_1$,反射波を $b_1$ とし,ポート 2 の入射波を $a_2$,反射波を $b_2$ とすると次式が成り立つ。

$$S_{11} = \frac{b_1}{a_1}, \quad S_{12} = \frac{b_1}{a_2} \tag{10.18}$$

$$S_{21} = \frac{b_2}{a_1}, \quad S_{22} = \frac{b_2}{a_2} \tag{10.19}$$

$S_{11}$ はポート 1 の反射係数,$S_{22}$ はポート 2 の反射係数である。$S_{12}$ はポート 2 から 1 への透過係数,$S_{21}$ はポート 1 から 2 への透過係数である。

これらの関係を S 行列を用いて表すと次式となる。

$$\begin{pmatrix} b_1 \\ b_2 \end{pmatrix} = \begin{pmatrix} S_{11} & S_{12} \\ S_{21} & S_{22} \end{pmatrix} \begin{pmatrix} a_1 \\ a_2 \end{pmatrix} \quad \begin{array}{l} b_1 = S_{11}a_1 + S_{12}a_2 \\ b_2 = S_{21}a_1 + S_{22}a_2 \end{array} \tag{10.20}$$

この S パラメータは Z パラメータや Y パラメータにも変換可能である。

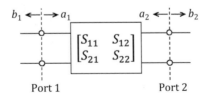

図 10–3 S パラメータ(2 port 回路)

## 10.2 マイクロ波のインピーダンス測定

正規化インピーダンス $\dot{z}(x)$ の関係式（式 (10.13), 式 (10.17)）より，インピーダンスや定在波比，整合条件などを求めることができるが，**図 10–4** のスミスチャート (Smith chart) と呼ばれる複素平面図を用いればこれらを容易に求めることができる。同図中の同心円は定在波比 $\rho$ を半径とした円である。外周円に接する複数の円は式 (10.9) および式 (10.13) で与えられる正規化インピーダンスの抵抗成分を示しており，それぞれの円周上では抵抗値が等しい。一方，線対称の複数の円弧はリアクタンス成分を示し，その曲線上ではリアクタンス値が等しい。

インピーダンスを求めるには定在波計により電圧の最小値と最大値から定在波比 $\rho$ を求め，スミスチャートから定在波比と抵抗成分とリアクタンス成分の

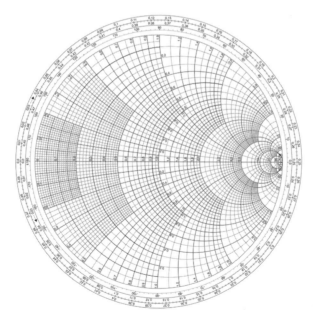

図 10–4　スミスチャートの例（インピーダンスチャート）

交点を読み取り，特性インピーダンス $\dot{Z}_0$ を乗算して求める。またその逆の手順で定在波比を求めることもできる。

　定在波比計（SWR 計）は負荷端付近の給電線に同軸ケーブルで割り込ませて，指針の振れから定在波比を測定する。同時に電力も測定できるものが一般的であり，数百 MHz までの高周波測定に使用できる。

───────○────────────○───────

**例題 10.1**　ある伝送線路に $\dot{Z} = 100 + j50\,\Omega$ の負荷をつないだ。例図 10–1 のスミスチャートに正規化インピーダンスをプロットし，電圧反射係数を求めなさい。ただし，特性インピーダンスは $\dot{Z}_0 = 50\,\Omega$ とする。

**解答**　正規化インピーダンスは $\dot{Z}$ を $\dot{Z}_0$ で割り，$\dot{z} = 2 + j1$ となる。例図 10–1 の半径 2 の抵抗分同心円と半径 1 のリアクタンス分円弧の交点が $\dot{z}$ のプロット点となる。反射係数はチャートの中心を原点とする最外円周 1 の極座標から読み取る。例題の場合は，$\varGamma = 0.4 + j0.2 = 0.447\angle 26.6°$ となる。定在波比 $\rho$ は式（10.17）より，$\rho = \dfrac{1 + 0.477}{1 - 0.477} = 2.82$ となる。

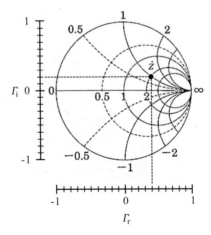

例図 10–1　スミスチャート

## 10.3 マイクロ波電力の測定

マイクロ波のうち，数百 GHz 以上の高周波数では電圧や電流を正確に測定することが困難であり，それらの積から電力を求めることができない。そこで GHz 以上のマイクロ波の電力測定においては，発熱量から電力を測定する方法が一般的に用いられる。

マイクロ波を含む高周波電力の測定には**表 10–2** に示すような測定法がある。通過形は伝送線路の途中に接続し，負荷で消費される電力を測定する方法で，**C-M 形電力計**がある。終端形は電力計内部の負荷によって測定する方法である。終端形には整流形電力計やボロメータ電力計，カロリメータ電力計がある。

表 10–2 高周波電力の測定法

| 原理 | 種類 | 測定量 |
| --- | --- | --- |
| 通過形 | C-M 形電力計 | 時間平均電力 |
| 終端系 | 整流形電力計 | 時間平均電力，ピーク電力，パルス電力 |
| | ボロメータ電力計 | 時間平均電力 |
| | カロリメータ電力計 | 時間平均電力 |

### 10.3.1 C-M 形電力計

図 **10–5** に C-M 形電力計の構成を示す。伝送線路に方向性結合器を並列に接続して電磁結合を介して分布インピーダンス（静電容量 $C$ と相互インダクタンス $M$）を発生させ，高周波電力を 2 つの熱電型計器で時間平均電力として測定する。

### 10.3.2 整流形電力計

終端形の電力測定として整流形電力計が用いられる。図 **10–6** のように整流回路部には応答性に優れたショットキーバリアダイオードを用い，インピーダンス整合用の入力抵抗 $R$ および平滑コンデンサ $C$ で構成される。時定数 $RC$

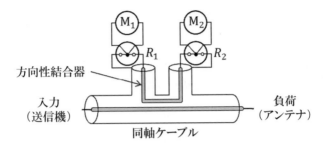

図 10–5　C-M 形電力計の構成

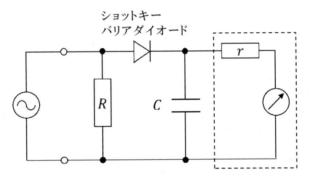

図 10–6　高周波用整流形電力計

を変えることでピーク電流や pW 程度までの平均電力を精度良く測定できる。

### 10.3.3　ボロメータ

　小電力の測定にはバレッタやサーミスタなどのパワーセンサの抵抗変化を利用したボロメータ (bolometer) が用いられる。バレッタ (barretter) は正の温度係数を持ち，温度上昇とともに抵抗値が増加する。一方，サーミスタ (thermistor) は負の温度係数を持ち，温度上昇とともに抵抗が減少する。サーミスタは感度が良く，過電流に対しても強く，扱いやすいため広く用いられている。

　図 **10–7** はボロメータの測定原理（サーミスタ）である。サーミスタ $R_s$ と 3 つの既知抵抗 $R_1$, $R_2$, $R_4$ でホイートストンブリッジ回路を構成する。マイク

## 10.3 マイクロ波電力の測定

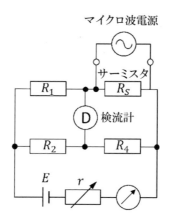

図 10-7 ボロメータの測定原理（サーミスタ）

ロ波が入射する前にブリッジ回路に直流電圧を印加し，既知抵抗 $R_1$，$R_2$，$R_4$ を調整してブリッジを平衡状態（検流計 D に電流が流れない状態）にする。このときに回路全体に流れる電流を $I_1$ とする。次にマイクロ波を加えるとサーミスタが発熱して抵抗値が下がりブリッジの平衡が崩れる。そこで可変抵抗 $r$ を増加させてブリッジの平衡状態に調整する。このときの電流を $I_2$ とすると，マイクロ波電力 $P_\mathrm{w}$ は

$$P_\mathrm{w} = \frac{R(I_1^2 - I_2^2)}{4} \quad \text{ただし} \quad R = \frac{R_1 R_4}{R_2} \tag{10.21}$$

から求められる。

### 10.3.4 カロリメータ

カロリメータは高周波電圧を抵抗体に印加したときの温度変化を利用して，既知の直流電力での発熱量と比較して高周波電力の測定を行う測定器である。図 10-8 に測定原理を示す。入力端子を 2 つ持ち，ひとつは測定対象の高周波入力に接続し，他方は既知の直流入力に接続する。どちらの入力端子にも同種類の発熱体 I，II が断熱容器の中で接続されている。測定対象の高周波電圧を入力したときの発熱体 I の温度上昇と，直流電圧を入力したときの発熱体 II の温度上

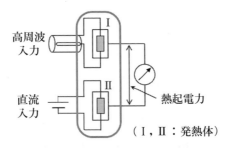

図 10-8 カロリメータの測定原理

昇が同じになるように直流電力を調整する．この時の直流電力が高周波電力の時間平均電力となる．カロリメータでは 10 mW 程度までの電力が測定できる．

## 10.4 ネットワークアナライザ

　ネットワークアナライザは電子部品や電子回路にテスト信号を入力して (**DUT**, Device Under Test)，S パラメータ，反射係数，透過係数などを測定する装置である．マイクロ波帯の高周波に対応する．ネットワークアナライザの基本原理を図 10-9 に示す．まず，スイープ発振器により周波数を可変した電圧を発生させてパワースプリッタで 2 つに分岐する．一方を測定対象（DUT）に入力する．他方は入射波そのものである．測定対象の透過信号と他方に分岐した入射波をアナライザの受信部に入力することで，それらの電圧比や位相差から透過係数と反射係数，S パラメータが求められる．これにより周波数に対するゲイン特性，位相特性，定在波比，インピーダンスなどの伝送特性を知ることができる．

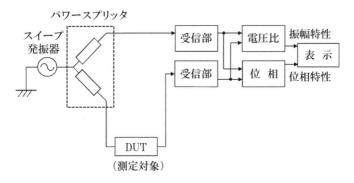

図 10–9　ネットワークアナライザの基本原理

---

### 演習問題

(1) 分布定数線路において，特性インピーダンス $\dot{Z}_0 = 50\,\Omega$，負荷インピーダンス $\dot{Z}_L = 75\,\Omega$ のとき，負荷端での反射係数 $\Gamma$ および定在波比 $\rho$ を求めなさい。

(2) 問図 10–1 のスミスチャート上に以下のインピーダンスをプロットしなさい。なお，特性インピーダンスは $\dot{Z}_0 = 50\,\Omega$ とする。

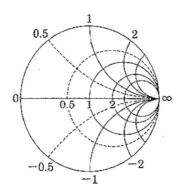

問図 10–1　スミスチャート

① $\dot{Z}_1 = 50 - j100\,\Omega$　② $\dot{Z}_2 = 100 - j50\,\Omega$
③ $\dot{Z}_3 = 25 + j25\,\Omega$　④ $\dot{Z}_4 = 50 + j\,\Omega$

(3) 特性インピーダンス $\dot{Z}_0 = 50\,\Omega$ の伝送線路において, 負荷 $\dot{Z}_1 = 50 - j100\,\Omega$ にインピーダンス整合をとる場合のリアクタンス素子の種類と値を求めなさい. なお, 周波数は 100 MHz とする.

(4) 図 **10–7** のボロメータでのマイクロ波電力 $P_w$ 式 (10.21) を導出しなさい.

### 実習；*Let's active learning!*

(1) パワーセンサとして, サーミスタやバレッタなどがある. 両者の特徴を調べてみよう.

(2) 電波の人体影響について, 総務省電気通信技術審査会が「電波防護指針」として 10 kHz から 300 GHz までの電波使用において人体へ十分に安全な基準を設定しています. 電波防護指針の周波数に対する電界強度および磁界強度の規制値（しきい値）について調べてみよう.

### 演 習 解 答

(1) 反射係数　$\left|\dot{\Gamma}\right| = \dfrac{\dot{Z}_L - \dot{Z}_0}{\dot{Z}_L + \dot{Z}_0} = \dfrac{75 - 50}{75 + 50} = \dfrac{1}{5}$

定在波比　$\rho = \dfrac{1 + \left|\dot{\Gamma}\right|}{1 - \left|\dot{\Gamma}\right|} = \dfrac{1 + 1/5}{1 - 1/5} = 1.5$

(2) 正規化インピーダンスは負荷インピーダンスを特性インピーダンス $\dot{Z}_0 = 50$ で割ることで求まる.

① $\dot{z}_1 = 1 - j2\,\Omega$　② $\dot{z}_2 = 2 - j1\,\Omega$
③ $\dot{z}_3 = 0.5 + j0.5\,\Omega$　④ $\dot{z}_4 = 1 + j0\,\Omega$

これらを**解図 10–1** 上にプロットすると図示となる.

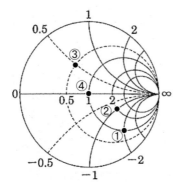

解図 10–1 スミスチャート

(3) 正規化インピーダンスは $\dot{z}_1 = 1 - j2\,\Omega$ であるので，$+j2\,\Omega$ 分のアドミタンスを直列に接続すると整合する（純抵抗成分のみとなる）。また，正であるのでインダクタンス成分となる。
$$j\omega L = j2 \times 50 = j100\,\Omega \quad L = \frac{100}{100 \times 10^6} = 1\,\mu\mathrm{H}$$
すなわち，$1\,\mu\mathrm{H}$ のインダクタンス $L$ を直列に接続する。

(4) マイクロ波を入力していないときのブリッジ平衡時において回路に流れる電流を $I_1$ とすると，サーミスタ抵抗 $R_\mathrm{s}$ で消費される直流の電力 $P_1$ は
$$P_1 = \frac{R_1 R_4}{R_2}\left(\frac{I_1}{2}\right)^2$$
マイクロ波を入力したときにブリッジが平衡するように $r$ を調整したときに回路に流れる電流を $I_2$ とすれば，サーミスタ抵抗 $R_\mathrm{s}$ での電力 $P_2$ は $I_2$ による直流電力と入力したマイクロ波電力を合わせたものである。

## 引用・参考文献

1) 岡野大祐：教えて？わかった！電気電子計測［第 1 版］，オーム社，2011.
2) 阿部武雄，村山 実：電気・電子計測［第 3 版］，森北出版，2012.
3) マキシムのホームページ内 インピーダンスマッチングとスミスチャート基礎：
   https://www.maximintegrated.com/jp/app-notes/index.mvp/id/742/ (2018)
4) 南谷晴之，福田 誠：基礎を学ぶ電気電子計測［第 1 版］，オーム社，2013.

# 11章　電気電子応用計測1

本章では計測の応用として代表的な温度計測，光計測，時間の測定，気体（ガス）の測定について学ぶ．電気電子計測ではこれらの物理量をセンサ（sensor）で検出し，電圧や電流などの電気量に変換して測定を行う．

## 11.1　温度計測

温度というと，今日は非常に暑いといった感覚的なものから現在の室温は25℃であるというような定量化された測定値まで，私たちの生活では身近になっている．自然科学のあらゆる分野で温度の計測や温度の制御は重要な課題となっている．

温度センサには測定対象物にセンサを接触させる接触式と非接触で測定する非接触式の2種類がある．接触式の代表的なセンサが**熱電対**や**測温抵抗体**，サーミスタであり，非接触式のセンサには**放射温度計**や**赤外線サーモグラフィ**がある．

2種の異なった金属線を接続して閉回路をつくり，両端の接合点に温度差があると電流が流れる現象を**ゼーベック効果**（Seebeck effect）という．これを応用して温度を測定する熱電対の原理を**図11-1**に示す．熱起電力は2つの接点の温度により次式で定まる．

$$V = \int_{T_2}^{T_1} (S_1(T) - S_2(T)) dT \tag{11.1}$$

ここでは$S_1$, $S_2$は金属線A，Bのゼーベック係数である．ゼーベック係数が測定する温度範囲で一定と見なせれば，式（11.1）は次式となる．

$$V = (S_1 - S_2) \cdot (T_1 - T_2) \tag{11.2}$$

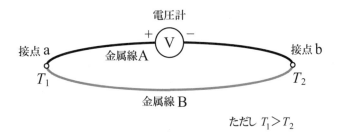

図 11–1 熱電対の原理

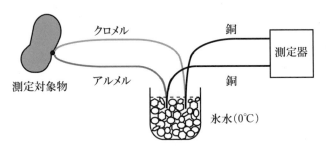

図 11–2 熱電対による温度測定

よって，一方の接点の温度を一定値とすれば，他方の接点の温度が求められる。通常は**図 11–2**に示すように熱電対となる金属線に測定器までの補償導線を接続し，それぞれの接点を 0℃の氷水に浸して測定回路をつくる。直接，熱電対を計測器（ディジタル・マルチメータ等）に接続するときは，計測器内部にある基準点補償回路で接点温度の補償がされて温度が直読できる場合もある。**表 11–1** に代表的な熱電対とその特性を示す。

　接触式のセンサには，熱電対の他に金属の抵抗変化を利用する測温抵抗体と，半導体の抵抗変化を利用するサーミスタがある。金属として白金を使用した**白金測温抵抗体**は，精密で安定性に優れる。熱電対のように基準接点が必要なく，抵抗値から温度が求められるといった特長がある。**白金抵抗温度計**は $-200$ ℃〜$900$ ℃ の広い範囲を測定できる。一方，サーミスタはマンガン，ニッケル，コバルト，鉄などの酸化物のうち複数の焼結体からなり，負の抵抗温度特性をもつ。

## 11.1 温度計測

表 11-1 主な熱電対の種類と特性

| タイプ | 種類 | 測定温度範囲 | 特徴 |
|---|---|---|---|
| K | クロメル―アルメル熱電対 | $-200 \sim 1000$℃ | 起電力の直線性が良い |
| T | 銅―コンスタンタン熱電対 | $-200 \sim 300$℃ | 安価，室温以下に適する |
| R | 白金―白金・13%ロジウム熱電対 | $0 \sim 1400$℃ | 安定性が良い。温度範囲が広い（1000℃以上でも測定可） |
| S | 白金―白金・10%ロジウム熱電対 | $0 \sim 1400$℃ | |

測定温度範囲は狭い（ふつう $-50$℃から $150$℃程度まで）が，抵抗値変化が大きいので分解能は高い。

その他に熱電対と同じような接触式ではあるが，高電圧が印加されている物体の温度でも測定できる光ファイバ式の温度計などもある。

次に非接触式の放射温度計についてみてみよう。黒体[*]から放射されるエネルギーと波長の関係は，**プランクの法則**（Planck's law）により次式で表される。

$$I(\lambda, T) = \frac{2hc^2}{\lambda^5} \frac{1}{e^{hc/\lambda kT} - 1} \tag{11.3}$$

ここで，$T$ は黒体の絶対温度 [K]，$c$ は光速，$h$ はプランク定数，$k$ はボルツマン定数である。**図 11-3** は放射エネルギー密度と波長との関係を示す。図より黒体の温度が高くなると，黒体から放射するエネルギーが大きくなることがわかる。さらに黒体の温度が高くなると，放射エネルギーの最大となる波長が短波長側にずれることがわかる。この最大となる波長は，

$$\lambda = \frac{2897}{T} \quad [\mu\text{m}] \tag{11.4}$$

で与えられ，**ウィーンの変位則**と呼ばれる。

さらに黒体から放出される全エネルギー量は，式（11.3）を全波長で積分したものとなり，

$$I = \sigma T^4 \quad [\text{W/m}^2] \tag{11.5}$$

---
[*] 黒体：入射する熱放射エネルギーをすべて吸収する物体，放射率 $\varepsilon = 1$

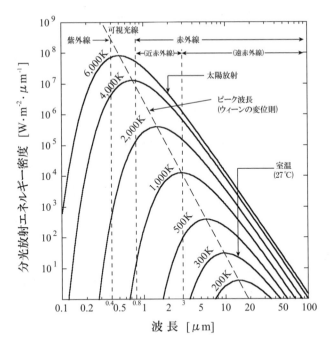

図 11–3 プランクの放射則

と表され，絶対温度の 4 乗に比例する．これは**シュテファン・ボルツマンの法則**（Stefan-Boltzmann's law）と呼ばれ，$\sigma$ はシュテファン・ボルツマン定数である．放射エネルギーをセンサで検出し温度に変換することで温度が計測できる．しかし，実際の物体は黒体ではないため，測定される放射エネルギーは

$$I = \varepsilon \sigma T^4 \quad [\text{W/m}^2] \tag{11.6}$$

となり，係数 $\varepsilon$（$0 \leqq \varepsilon \leqq 1$）を**放射率**（emissivity）という．したがって，個々の測定物体で放射率が求められないと正確な温度は決まらないことになる．

このように放射温度計は物体から放射される可視光線や赤外線の強度を測定して，物体の温度を測定する温度計である．**図 11–3** から高温を測定するには可視光線を利用できるが，比較的低温領域の温度を測定するには赤外線を検出すれば良いことがわかる．高温測定の温度計としては，**パイロメーター**（高温

計，光高温度計）と呼ばれる測定器がある．一方，赤外線を利用する測定器は**赤外放射温度計**と呼ばれるが，一般には耳で体温を測る温度計や温度分布が画面上に示される赤外線サーモグラフィがよく知られている．赤外線サーモグラフィは最近では低価格のものも出てきて普及がすすんでおり，われわれが使用できる機会も増えている．空港や公共施設などでは，新型インフルエンザなどの伝染性疾患の簡易検査にも用いられている．電気電子計測では，接触式では測れない高電圧機器（送電線，変圧器，開閉器，発電機等）の異常検出などにおいて有用である．**図11-4**に熱画像の一例を示す．

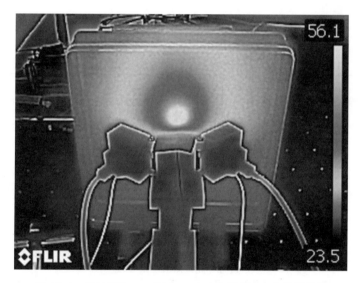

図 11-4　赤外線サーモグラフィにより撮影された熱画像例
（背後から加熱された矩形の金属製の箱をプラズマアクチュエータで冷却する様子）

## 11.2　光計測

　万有引力の発見で有名なアイザック・ニュートンは，プリズムを使って太陽の光の研究を行っていた．これは分光学が確立されるずっと前のことだが，光計

測のひとつの先駆的研究の実例である．一方，近年，カミオカンデやスーパーカミオカンデでは，大口径の**PMT**（photomultiplier tube：**光電子増倍管（ホトマル，フォトマル）**）による光計測がニュートリノ検出を支えている．ここでは光計測とそれを可能にする計測機器についてみていく．

光計測は非接触計測であるということに大きな特徴がある．

はじめに光の波長域を図 **11–5** に示す．光計測では波長 380 nm～780 nm の可視光線とその波長域より短い紫外線と長い赤外線が対象となる．

光エネルギーを電気信号に変換するためには**表 11–2** に示すように 3 つの光電効果が利用される．

ここでは計測によく使用される光電子放出型センサについて述べる．**光電管**

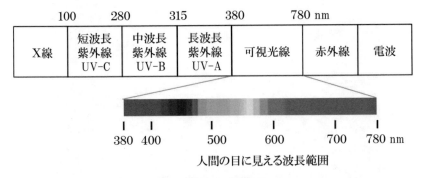

図 11–5 光の波長域

表 11–2 光電効果と光センサ

| 光電効果の種類 | 現象 | センサ |
| --- | --- | --- |
| 光導電効果 | 光の照射によりセンサ材料の導電率が変化 | 光導電セル（可視領域用：CdS セル，近赤外領域用：PbS セル，InSb セル，中赤外領域用：HgCdTe セル） |
| 光起電力効果 | 光の照射により半導体内に発生した電子と正孔を内部電界によって分離し，起電力が発生 | ホトダイオード，ホトトランジスタ，電荷結合素子（CCD） |
| 光電子放出効果 | 光の照射によりセンサ材料の表面から光電子を放出 | 光電管，光電子増倍管 |

(phototube）の原理を図 11–6 に示す．光電管は，外部光電効果（光電子放出）を利用し，入射光の強弱を電流の強弱に変える二極電子管である．陽極に正電圧を印加し，照射された光により陰極が光電子を放出し，陽極に到達することで光を電流として検出できる．超高速なパルス光を検出できる光検出器としてバイプラナ光電管がある．しかし，光電管はその構造からわかるように微弱な光を計測するには向かない．

　光電子増倍管は，光を増倍させる増幅作用により超高感度化した光検出器である．光子 1 個から計測が可能で，高速応答の真空管である．微弱な光を計測する分光実験，素粒子実験，原子核実験，宇宙線観測などに幅広く使用されている．図 11–7 に光電子増倍管の構造を示す．PMT に入射した光は，光電面で光電子に変換されて放出する．その光電子は電極に与えた電圧で加速され，集束電極で第一ダイノード上に集められ，二次電子を放出した後，さらに続く各ダイノード群で二次電子放出を繰り返して，約 100 万倍まで増幅される．増倍された電子は陽極より信号として取り出される．

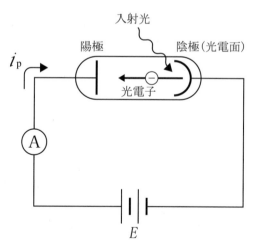

図 11–6　光電管の原理

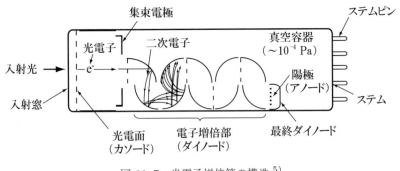

図 11-7 光電子増倍管の構造 [5)]

## 11.3 時間の測定

時間の単位である1秒の定義は，最初，地球の自転が用いられていた．1日の長さを地球の自転の周期に対応させて，その24分割を1時間，1時間を60分割して1分，1分をさらに60分割して1秒，とした．しかし，この定義では季節や朝夕により変動があるため，1956年，国際度量衡委員会は1秒の定義を地球の公転に基づくものに変更した．その後1967年から現在に至るまで，1秒の基準はセシウム原子時計が担っている．これは量子標準である．

時間と周波数は逆数の関係にあるので，時間を測ることは周波数を測ることでもある．セシウム原子時計は**1次周波数標準器**とも呼ばれる．たとえばクォーツ時計の場合には水晶振動子は32768 Hzの固有振動数をもち，その振動回数をカウントすることで1秒が決まる．セシウムの場合は，9192631770 Hzで，カウンター（計数器）で9192631770回の電磁波の振動を測って，1秒進める（表3-1，表3-5）．**原子泉方式のセシウム原子時計**（図**11-8**）の不確かさは$10^{-16}$である．さらに開発が進む**光格子時計**では，$10^{-18}$となる．138億年前のビックバンによる宇宙の始まりから今日まで1秒もずれていない精度である．

さて次に大事なことは，いかに正確な時計でも，時間の基準が必要になることである．それが**時系**である．世界の78機関450台以上の原子時計によって定義される時刻にTAI（Temps Atomique International：国際原子時）があ

11.3 時間の測定

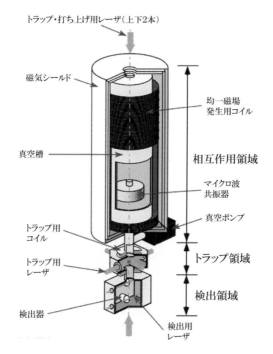

図 11-8　原子泉方式のセシウム原子時計の構造（産総研が開発した原子泉周波数標準器 JF-1 の真空装置部分）（多数のセシウム原子をレーザーの放射圧を利用して絶対零度近くまで冷却し，運動量の小さい状態でマイクロ波と相互作用させる）[6]

る。TAI の原点は 1958 年 1 月 1 日 0 時（経度 0 度）であり，原子時計同士の比較により維持されている。TAI は国際度量衡局が運用・管理している。さらに GPS 衛星にも原子時計が搭載されており，TAI に裏付けられた時刻信号が電波として発射されている。

一方，地球の自転をもとにした天文観測による時間として UT1（Universal Time 1：世界時）がある。TAI と UT1 にはズレが生じるが，その差が 0.9 秒以内に収まるように「うるう秒」を入れたり抜いたりしている。そのように調整された時間が **UTC**（Coordinated Universal Time：協定世界時）である。世界各地の標準時は，協定世界時を基準としており，JST（Japan Standard

Time：日本標準時）は，協定世界時よりも 9 時間早く進めた時刻である。JSTは時報に用いられるとともに**電波時計**の基準にもなっている。

## 11.4　気体・ガスの測定

ガスセンサの多くは，可燃性ガスの漏洩による爆発事故や毒性ガスの吸引による中毒事故を未然に防ぐために使用されている。ここでは電気電子計測で使用されることの多いガスセンサ・ガス分析計について説明する。

### 11.4.1　半導体ガスセンサ

半導体ガスセンサは家庭用ガス漏れ警報器として使用されている。熱線型半導体式センサの構造と検出回路を**図 11-9** に示す。白金のコイルと金属酸化物半導体を焼結した構造で，白金線コイルは金属酸化物半導体を高温にするヒーターとしての役割と半導体の電気伝導度の変化を検出する役割を兼ねている。金属酸化物半導体が $400 \sim 500$ ℃ に加熱されると n 型半導体としての特性を示し，空気中の酸素が半導体表面に吸着すると半導体から電子を奪って，半導体の電気抵抗が大きくなる。空気中のガス成分としてメタン（$CH_4$），プロパン（$C_3H_8$），水素（$H_2$）などの可燃性ガス（還元性ガス）が存在すると半導体表面で酸化反応が起こり，吸着していた酸素が消費されるため，電気抵抗が低下する。この電気抵抗の変化を測定することにより，可燃性ガスの検知ができる。**図 11-9** の検出回路ではコイルの抵抗（$R_h$）と半導体の抵抗（$R_s$）からなる並列回路がセンサの抵抗となり，ガスの検出によるこの抵抗の変化を負荷抵抗の両端の電圧変化として測定する。金属酸化物半導体としては $SnO_2$ や ZnO が一般的に使用されている。検出するガスの選択性をもたせるためには酸化物に添加物を加える。一酸化炭素センサの場合には，パラジウムなどの貴金属を添加し，常温での CO の吸着特性を利用して，他の可燃性ガスには反応しないようにしている。

11.4 気体・ガスの測定

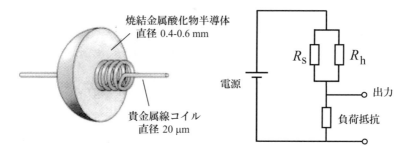

図 11-9　熱線型半導体式センサの構造と検出回路

### 11.4.2 酸素濃度計・酸素センサ

ジルコニア式酸素濃度計は，高熱に加熱されたジルコニア（酸化ジルコニウム $ZrO_2$）が酸素イオンによる導電性を示す性質を利用するものである。

図 11-10 に示すようにジルコニア素子（主成分であるジルコニアに安定化剤としてイットリア（$Y_2O_3$）などを加えてつくったセラミックス YSZ）の両側に多孔質電極を設け，その一方に測定ガス，他方に空気等の基準ガスを流して酸素分圧があると，この分圧差に応じた起電力 $E$ が発生する。

$$E = (RT/nF)\ln(P_R/P_M) \tag{11.7}$$

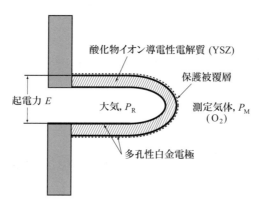

図 11-10　酸素センサの構造

ここで，$R$ は気体定数，$T$ は絶対温度，$n$ は反応に含まれる電子数，$F$ はファラデー定数，$P_R$ は基準ガス中の酸素濃度，$P_M$ は被測定ガス中の酸素濃度である。これは酸素濃淡電池の原理であり，この原理に基づき酸素濃度が測定できる。濃度は数 ppm の低濃度から $100\,\mathrm{vol\%O_2}$ まで測定できる。酸素の測定にはこの他にもガルバニ式酸素センサ，ポーラロ式酸素センサなどいろいろな方式のものがある。

## 演習問題

(1) 測温抵抗体における抵抗と温度の関係式を書きなさい。
(2) 基本単位のひとつである温度の定義のもとになる水の三重点とは何か説明しなさい。
(3) セシウム原子時計の不確かさ $10^{-16}$ では，何年に 1 秒程度のズレが生じることに相当するか。
(4) 時間と時刻の違いを説明しなさい。

## 実習；*Let's active learning!*

ガス検知器には本文で説明した熱線型半導体式センサの他に次のような方式のものがある。測定原理とその特徴および用途を調べてみよう。
(a) 定電位電解式センサ　(b) 接触燃焼式センサ
(c) ガルバニ電池式センサ　(d) 気体熱伝導式センサ

## 演習解答

(1) $$R_W = R_{20}(1 + \alpha \cdot \Delta T)$$

ここでは材料の温度係数は 1 次までとする。上式より温度は次式で求められる。

$$T = 20℃ + \left(\frac{R_W}{R_{20}} - 1\right)\alpha^{-1} \tag{11.8}$$

(2) 水の三重点とは，氷，水，水蒸気の3つの相が共存している状態をいう。温度は0.01℃である。
(3) セシウム原子時計では割合的に2000万年に1秒以下のズレ。
(4) 時刻は基準時間から時の流れのなかのある一点，時間は2つの時刻の間隔。


## 引用・参考文献
1) 堀内雅司：応用物理，第81巻，第2号，pp.134–138，2012.
2) 都甲潔，宮城幸一郎：センサ工学，培風館，1995.
3) 中村邦雄，石垣武夫，冨井薫：計測工学入門，森北出版，2007.
4) 安田正美：単位は進化する，化学同人，2018.
5) 浜松ホトニクス株式会社 編集委員会：光電子増倍管——その基礎と応用——，浜松ホトニクス株式会社，2007.
6) 黒須隆行：光学，第31巻，第12号，pp.864–869，2002.

# 12章　電気電子応用計測2

本章では電気計測につきまとう雑音の種類とその対策について学ぶ．また，近年はあらゆる電子機器にさまざまなセンサが組み込まれており，そのセンサの役割を学ぶ．最後に医療分野で用いられている代表的な電子計測器を例にあげてその構造や原理を学ぶ．

## 12.1 信号と雑音

計測したい信号（signal）に対して，その測定信号以外の不要な情報のことを**雑音**（noise）といい，この雑音により測定精度が低下する．雑音は**表12-1**に示すように，測定器の内部で発生するもの（内部雑音）と，測定器以外の外部から混入する雑音（外部雑音）に大別できる．

表 12-1　電気計測における雑音の分類

| 発生源での分類 | 雑音の種類 | 周波数特性 |
|---|---|---|
| 内部雑音 | 熱雑音（導体内の電子の熱運動による雑音） | 一様 |
| | ショット雑音（半導体PN接合の微弱電流でのゆらぎ） | 一様 |
| | フリッカ雑音（低周波数でのゆらぎ） | 低周波域 |
| | 分配雑音（エミッタベース間での分流で生じるゆらぎ） | 高周波域 |
| 外部雑音 | 雷サージ（落雷などの高電圧ノイズ） | パルス |
| | 開閉サージ（スイッチのオンオフによるノイズ） | パルス |
| | 電源雑音（同一系統内の他機器から進入するノイズ） | 不規則 |

### 12.1.1 内部雑音

内部雑音とは計器の内部で発生する雑音のことで，(1) 熱雑音，(2) ショット雑音，(3) フリッカ雑音，(4) 分配雑音などがある．これらの内部雑音は図 **12–1** に示すように周波数依存性を示す．熱雑音やショット雑音は周波数によらず一定のホワイトノイズであり，低周波ではフリッカ雑音（$1/f$ ゆらぎ）が支配的となり，高周波では分配雑音が支配的となる．

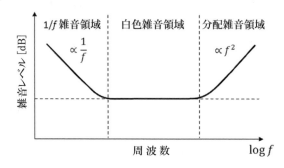

図 12–1　内部雑音の周波数特性

**(1) 熱雑音**

熱雑音（thermal noise）とは抵抗を流れる自由電子の熱運動（ブラウン運動）によって生じる雑音のことで，電圧や電流の揺らぎをもたらす．熱雑音は周波数に関わらず一様な雑音を発生するホワイトノイズ（white noise）の一種であり，取り除くことはできない．

絶対温度 $T$ [K] において抵抗 $R$ [Ω] から発生する雑音電圧 $v_n$ [V] は次式となる．

$$v_n = \sqrt{4kTBR} \tag{12.1}$$

ここで $k$ はボルツマン定数 [J/K]，$B$ は計測器の帯域幅 [Hz] である．この式からわかるように抵抗値が大きいほど，また温度が高いほど熱雑音は大きくなる．

熱雑音を減らすためには低温下で測定することが有効である。

**(2) ショット雑音**

ショット雑音（shot noise）とは半導体の PN 接合部のわずかな揺らぎに起因する雑音のことで，一種のホワイトノイズである。ショット雑音も取り除くことはできない。信号電流 $i_s$ [A] に対してショット雑音（電流）$i_n$ [A] は次式となる。

$$i_n = \sqrt{2ei_sB} \tag{12.2}$$

ここで $e$ は電子の電荷量 [C]，$B$ は測定器の帯域幅 [Hz] である。

**(3) フリッカ雑音**

フリッカ雑音（flicker noise）とは $1/f$ 雑音（inverse f noise）とも呼ばれ，周波数に依存する雑音である。フリッカ雑音の発生原理はさまざまであるが，$1/f$ 雑音や $1/f$ ゆらぎは自然界で多く観測され，低周波ほど大きく現れる特徴がある。半導体素子では 100 Hz 程度以下でフリッカ雑音が熱雑音よりも大きくなる傾向をもち，無視できない場合もある。

**(4) 分配雑音**

分配雑音とは，トランジスタ等の半導体素子のエミッタとベースに電流が分配するときのゆらぎに起因する雑音である。分配雑音は周波数の 2 乗に比例して大きくなり，高周波では熱雑音よりも大きくなる傾向をもつ。

### 12.1.2 外部雑音

外部雑音とは計器に外部から侵入する雑音のことで，人工雑音と自然雑音がある。たとえば，スイッチの開閉サージや，落雷による雷サージ，静電気の高電圧，周囲の電磁界の影響などが挙げられる。

## (1) 雷サージ

雷サージとは自然雷による瞬間的な高電圧が電源ラインに流れ込むことで起こるサージである。雷サージは数 kV に達することもあり，電子機器が故障する場合がある。雷サージの対策として屋外に避雷針を設け，電源ラインに雷アレスタやサージアブソーバを取り付ける方法がある。

## (2) 開閉サージ

開閉サージとは同じ電源ライン上の電子機器に他の機器のリレーやスイッチなどの ON-OFF によって瞬間的なパルス状の電圧サージが発生することによる雑音である。開閉サージの影響を低減するためにサージ対策用のエレクトロタップを用いる方法がある。

## (3) 電源雑音

測定器と同じ電源ラインに接続されている他の電子機器やモータから発生する雑音である。この影響を低減するためには，測定器の電源インレットにノイズフィルタやノイズカットトランスを用いる場合や，平滑コンデンサの容量が大きな安定化電源を用いる方法が取られる。

## 12.2 SN 比と雑音指数 $F$

### 12.2.1 SN 比

$SNR$（signal to noise ratio：SN 比）とは，測定系に与える雑音の影響度を知る目安となるもので，次式のように雑音 $N$ に対する信号 $S$ の電力比の常用対数をとり [dB] で表す。

$$SNR = 10 \log_{10} \frac{P_s}{P_n} = 20 \log_{10} \frac{V_s}{V_n} \text{ [dB]} \tag{12.3}$$

$P_s$，$P_n$ は信号および雑音電力 [W]，$V_s$，$V_n$ は信号および雑音電圧 [V] である。SN 比は大きいほど良好な計測結果が得られる。

**例題 12.1** 信号電圧 $V_\mathrm{s} = 1\,\mathrm{V}$, 雑音電圧 $V_\mathrm{n} = 1\,\mathrm{mV}$ のとき, SN [dB] 比を求めなさい。

**解答** $V_\mathrm{s}/V_\mathrm{n} = 10^3$ である。$\log_{10} 10^3 = 3\log_{10} 10 = 3$ より, $SNR = 20\log_{10}\dfrac{V_\mathrm{s}}{V_\mathrm{n}} = 20\log_{10} 10^3 = 60\,\mathrm{dB}$, よって SN 比は 60 dB となる。

### 12.2.2 雑音指数 $F$

測定系の入出力間の雑音を表す指標として雑音指数 (noise figure) $F$ がある。雑音指数 $F$ は入力側の SN 比 $SNR_\mathrm{i}$ と出力側の SN 比 $SNR_\mathrm{o}$ の比であり, 次式で与えられる。

$$F = \frac{SNR_\mathrm{i}}{SNR_\mathrm{o}} = \frac{\left(\dfrac{S_\mathrm{i}}{N_\mathrm{i}}\right)}{\left(\dfrac{S_\mathrm{o}}{N_\mathrm{o}}\right)} \tag{12.4}$$

ここで, 増幅器の利得を $G$ とすると, $G = \dfrac{S_\mathrm{o}}{S_\mathrm{i}}$ で表せるので, 式 (12.4) は次式となる。

$$F = \frac{N_\mathrm{o}}{GN_\mathrm{i}} \tag{12.5}$$

また, 出力雑音 $N_\mathrm{o}$ で式 (12.5) を整理すると次式を得る。

$$N_\mathrm{o} = FGN_\mathrm{i} = GN_\mathrm{i} + (F-1)\,GN_\mathrm{i} \tag{12.6}$$

右辺第 1 項 $GN_\mathrm{i}$ は入力雑音 $N_\mathrm{i}$ がそのまま $G$ 倍に増幅された量であり, 第 2 項 $(F-1)\,GN_\mathrm{i}$ は増幅器内で発生した分の雑音, すなわち内部雑音を示す。雑音指数 $F = 1$ のときに内部雑音が 0 (ゼロ) となり, 理想的な状態である。一般に $F > 1$ であり, $F$ が 1 に近いほど雑音が少なく精度の良い測定が可能である。

図 12–2 の 2 段増幅器の場合を考えると, 全体の雑音指数 $F_0$ は次式で与えられる (例題 12.2 参照)。

$$F_0 = F_1 + \frac{F_2 - 1}{G_1} \tag{12.7}$$

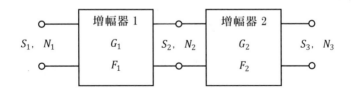

図 12-2  2 段増幅器

**例題 12.2**  図 **12-2** の 2 段増幅器において，全体での雑音指数 $F_0$ を各段の増幅器の利得と雑音指数を用いて表しなさい．各増幅器の利得，雑音指数はそれぞれ $G_1$，$F_1$，$G_2$，$F_2$ とする．

**解答**  1 段目の雑音指数 $F_1$ は，入力雑音 $N_1$，利得 $G_1$ を用いて表すと式 (12.5) より

$$F_1 = \frac{N_2}{G_1 N_1}$$

となる．
2 段目の出力端の信号 $S_3$ は，1 段目の利得 $G_1$，2 段目の利得 $G_2$ を用いて表すと

$$S_3 = G_1 G_2 S_1$$

となる．
2 段目の出力雑音 $N_3$ は，入力雑音 $N_2$，雑音指数 $F_2$，利得 $G_2$ を用いて表すと式 (12.6) より

$$N_3 = G_2 N_2 + (F_2 - 1) G_2 N_2$$

となる．

これらの関係より，全体の雑音指数 $F_0$ は次式で表すことができる．

$$F_0 = \frac{S_1/N_1}{S_3/N_3} = \frac{S_1/N_1}{G_1 G_2 S_1/N_3} = \frac{N_3}{G_1 G_2 N_1} = \frac{G_2 N_2 + (F_2 - 1) G_2 N_2}{G_1 G_2 N_1}$$

$$= \frac{N_2}{G_1 N_1} + \frac{(F_2 - 1)}{G_1} = F_1 + \frac{F_2 - 1}{G_1}$$

このことから，初段の増幅器に雑音指数の小さいものを選ぶことで精度が高い測定が可能であることがわかる．

## 12.3 雑音の低減

雑音の処理として，測定器のばらつきによるものであれば，2章で述べた測定した数値の統計処理（平均化法，最小2乗法など）が有効である．
ここでは測定の段階で混入する雑音の低減方法について述べる．

### 12.3.1 フィルタ

信号と雑音の周波数が異なる場合には，フィルタ（周波数選別）が有効である．フィルタとはある周波数のみを抽出して通すようにする処理のことをいう．フィルタは通過させる周波数帯によって次の4つに分類される．

(a) **LPF**（low pass filter，低域通過フィルタ，ローパスフィルタ）
(b) **HPF**（high pass filter，高域通過フィルタ，ハイパスフィルタ）
(c) **BPF**（band pass filter，帯域通過フィルタ，バンドパスフィルタ）
(d) **BSF**（band stop filter，帯域阻止フィルタ，バンドストップフィルタ）

それぞれのフィルタの特性を**図12–3**に示す．入力信号の振幅が $-3\mathrm{dB}(1/\sqrt{2})$ に減衰する周波数を遮断周波数または**カットオフ周波数** $f_\mathrm{c}$ と呼ぶ．BPFとBSFの場合は2つのカットオフ周波数の帯域幅を周波数幅 $B$，その中間の周波数を中心周波数 $f_0$ と呼ぶ．

たとえば，LPFは非常に緩やかな温度変化を測定する場合などに有効である．

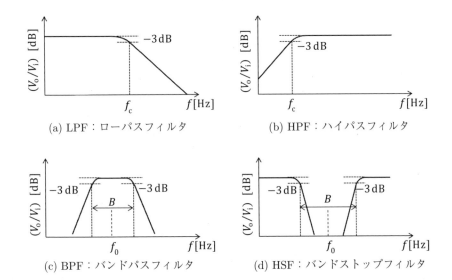

図 12-3 フィルタの種類と周波数特性

HPF は直流分をカットして信号変化のみを取り出す場合に有効である。

フィルタは回路素子 $R$, $L$, $C$ を組み合わせて構成され，構成する素子の数で 1 次型, 2 次型 (L 型), 3 次型 (T 型, π 型) があり，次数が高いほど急峻なフィルタ特性が得られる。

### 12.3.2 シールド

外部雑音の進入を防ぐためにシールドが効果的である。シールドの種類を**表 12-2** にまとめた。(1) 静電シールド, (2) 電磁シールド, (3) 磁気シールドは下記の特徴があり，用途で使い分ける。

表 12-2 シールドの種類

| シールドの種類 | 低減できる外部雑音 | 方法 |
| --- | --- | --- |
| 静電シールド | 電界 | 金属板で遮蔽する |
| 電磁シールド | 高周波電磁界 | 金属板，金属箔で遮蔽する |
| 磁気シールド | 低周波磁界 | 磁性材で遮蔽する |

### (1) 静電シールド

静電シールドはアース付きの金属板で対象物を遮蔽して接地（アース）をとる方法で，外部からの電界の影響を低減できる。

### (2) 電磁シールド

電磁シールドは金属箔や金属板で対象物を覆う方法で，磁束の影響を低減できる。金属板に磁束が貫通することによる渦電流損でシールドするため，直流や低周波の磁界は遮断することができない。アースをとることで静電シールドを兼ねる場合がある。

### (3) 磁気シールド

磁気シールドはフェライトなどの強磁性体で対象物を囲む方法のことで，磁束を内部に通さないようにして低周波の磁界の影響を低減できる。

## 12.4 センサ

センサ（sensor）は，力・熱・光・変位・圧力・磁気などの物理量やpHや濃度などの化学量の測定対象を電気信号に変換するデバイスである。センサは**表12-3**のように感覚器官（五感）に置き換えるとイメージしやすく，応用計測には欠かせないものである。

センサでは測定対象の物理量や化学量を次の3つの電気量のどれかに変換して測定している。

- 起電力変換（ホール効果，熱起電力，電磁誘導など）
- インピーダンス変換（圧電効果，サーミスタ，バレッタ）
- パルス変換（エンコーダ，パルス周波数，パルス幅）

応用計測では，これらのセンサを使って変換された電気量にさまざまなデータ処理を行って，各種制御や医療診断などに利用されている。

表 12-3 感覚器官とセンサ例

| 感覚器 | 検出対象例 | センサ例 | 応用例 |
|---|---|---|---|
| 視覚 | 光量,色,形状,画像 | フォトダイオード,フォトレジスタ,イメージセンサ,赤外線センサ | デジタルカメラ,コピー機,自動ドア,セキュリティ |
| 聴覚 | 音,音圧,超音波,振動 | 圧電素子,超音波センサ,加速度センサ | マイクロホン,騒音計,測距センサ |
| 触覚 | 力,加速度,トルク,硬度,すべり,温度 | ロードセル,サーミスタ,熱電対,静電センサ,加速度センサ | タッチパネル,電子温度計,血圧計,電子ばかり |
| 味覚 | 成分,イオン濃度 | イオンセンサ,バイオセンサ | 甘度計,味覚センサ,pH測定 |
| 臭覚 | におい,ガス濃度 | ガスセンサ,臭気センサ(半導体,水晶振動子) | におい分析,ガス警報機,排気ガス測定器 |

## 12.5 医療計測

医療現場ではセンサは無くてはならないものとなっている。ここでは主な医療用電子計測器の測定原理を学ぶ。

### 12.5.1 内視鏡
**(1) CCD センサ**

CCD (charge coupled device：電荷結合素子) は，駆動電圧を与えると電極に蓄えられた電荷を移動できる MOS (metal oxide semiconductor) 半導体の集合体である。CCD センサとは受光した光を光電効果により電荷に変換するフォトダイオード，蓄積された電荷を転送する CCD，電荷を増幅するアンプ部で構成されるイメージセンサであり，デジタルカメラやビデオカメラに広く用いられている。

図 **12-4** はインターライン型の 2 次元 CCD イメージセンサの構成である。フォトダイオード（受光部），垂直転送 CCD，水平転送 CCD，アンプで構成される。受光部の電荷を一度に垂直転送 CCD に転送したのち水平転送 CCD で

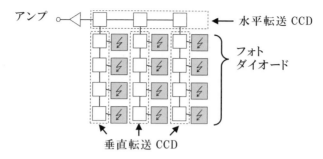

図 12–4　CCD イメージセンサの構成（インターライン型）

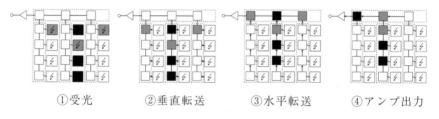

図 12–5　インターライン型 CCD イメージセンサの動作

順次転送する方式である．**図 12–5** に動作の流れを示す．

① 受光：それぞれのフォトダイオードで受光量に応じた電荷を蓄積する
② 垂直転送：すべてのフォトダイオードで蓄積した ① の電荷を垂直転送 CCD に転送する
③ 水平転送：垂直転送 CCD に蓄積された 1 段目の ② の電荷を水平転送 CCD に転送し，2 段目以降の電荷を順次上段に移動する
④ アンプ出力：水平転送の電荷を順次アンプに転送して 1 段分の画像信号として取り出す

上記の ③「水平転送とアンプ出力」，④「アンプ出力」を最終段が完了するまで繰り返すことにより画像データが取得できる．

## (2) 内視鏡

内視鏡とチューブ状の挿入型医療機器であり，体内の消化管（食道，胃，大腸）の内部をリアルタイムに観察し，患部の処置をすることができる．内視鏡は **図12-6** の構造となっており，ビデオスコープ部とビデオシステム部から構成される．ビデオスコープ部は手元の操作部と直径 5-10 mm 程度の挿入チューブからなり，挿入部先端には超小型画像センサ（CCD センサ）と LED ライト，鉗子（かんし）口，ノズルが備わっている．鉗子口から処置具を挿入して組織の採取やポリープの除去などのさまざまな治療処置が可能である．ビデオシステム部では内視鏡（CCD センサ）からの画像を取得してディスプレイに表示し，また画像を記録する．

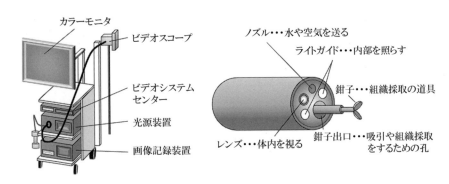

図 12-6　内視鏡システムの構造

## 12.5.2　エコー

エコーは超音波医療診断装置とも呼ばれる超音波を利用して，体表にプローブをあてることで体内の臓器の様子を，リアルタイムにディスプレイ上に明暗によって観測できる非侵襲の医療診断機器である．

**図12-7** のようにエコープローブは超音波振動子を規則的に配列した構造となっており，パルス状の超音波を体表から照射し，生体内の異なる組織の境界

面からの反射波（反射エコー）を受信する．振動子群の中心と端で照射タイミングを調整することで画像の焦点を調整し，プローブを動かしながら観察することで立体的に捉えることができる．

診断時にはプローブにゼリーを塗布して皮膚に密着させることで，プローブと皮膚との間の空気層の境界面で反射することを防いでいる．

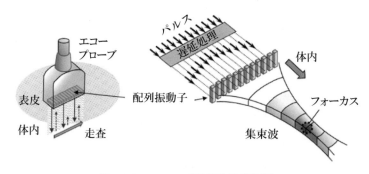

図 12-7　エコー（超音波医療診断）

### 12.5.3　CT スキャン

**(1)　X 線検査（レントゲン検査）**

レントゲン検査（X 線検査）は体内組織に X 線を照射し，その X 線透過の違いによるコントラスト差を利用して体内組織の様子を可視化する診断装置である．X 線検査で得られる画像は平面画像（2 次元画像）である．X 線検査は医療の他にも空港の手荷物検査，工場の製品検査などでも用いられている．

**(2)　CT スキャン（X 線 CT）**

医療での CT スキャンは X 線 CT のことで，CT（computed tomography）はコンピュータ断層撮影法の略語である．CT スキャンの構成を図 12-8 に示す．クレードルは患者が横たわる寝台，ガントリは X 線を 360° 照射するリング状の装置，コンソールは制御用コンピュータである．計測時には，X 線を体

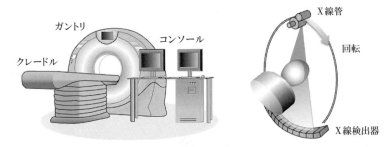

図 12-8　CT スキャンの構成　　図 12-9　CT スキャンガントリの構造

の回りに回転しながら照射して取得した X 線画像をコンピュータで 3 次元処理して，体内組織の各断層をコントラスト差としてディスプレイに表示する．検査時間は 30 秒から数分程度と短く，騒音も少ない長所を持つが，原理的に X 線を利用するため，微量ながらも放射線被曝は避けられない短所を持つ．

CT スキャンのガントリの構造を**図 12-9** に示す．X 線を照射する X 線管と，体を透過した X 線を検出する円弧形状の検出器が備わる．これがガントリのリング上を高速回転しながら X 線画像を取得する．X 線管（管球）では陰極（タングステンフィラメント）から熱電子を放出させて管電圧で加速させた後，加速熱電子を陽極（タングステンなど）に衝突させることで X 線を発生する．X 線検出器にはフォトダイオードを集積した CCD/CMOS イメージセンサが使用される．

### 12.5.4　MRI
**(1)　核磁気共鳴（NMR）**

NMR（nuclear magnetic resonance：核磁気共鳴）は原子核の陽子（プロトン）に固有周波数を加えると共鳴現象が起こる現象のことである．プロトンは磁石の性質を有し，通常はその向きがばらばらで駒のような歳差運動をしている．この歳差運動をスピンという．スピンの周波数（1 秒間の回転数）を**ラーモア周波数** $\nu$ といい，次式で与えられる．

$$\nu = \frac{\gamma H}{2\pi} \tag{12.8}$$

ここで $H$ は静磁界の強さ [T], $\gamma$ は核磁気回転比 [MHz/T] である。$\gamma$ は原子核により異なる固有の値である。たとえば，プロトンは $\gamma = 42.6\,\mathrm{MHz/T}$ であり，1.0 T の静磁界中でのラーモア周波数は約 42.6 MHz となる。

プロトンが強い静磁界中にさらされると，ばらばらであったスピンの軸の向きが一方向に揃う。ここにスピン回転数（ラーモア周波数 $\nu$）と同じ高周波磁界を横方向から照射するとプロトンが共鳴し，スピンの軸が倒れこむ。この現象を NMR といい，この現象を利用したのが MRI（magnetic resonance imaging：核磁気共鳴画像法）である。

高周波磁界の照射を止めると，スピンの軸が徐々に静磁界の方向に揃う（戻る）。この緩和時間を測定することで物質の状態を知ることができる。

### (2) MRI の測定

MRI とは，体内の水分（水素原子）の核磁気共鳴（NMR）現象を利用して，その変化をとらえて組織の断層を撮影する医療診断機器である。装置の構成は MRI 診断においても図 **12–8** と同様であるが，ガントリの種類が異なる。リング状のガントリが一般的であるが，近年は身体の上下に平面コイルを配した平面型ガントリも実用化されている。

MRI 用のガントリの内部構成は図 **12–10** のようになっており，3 つの主要部品から構成される。
- 静磁界コイル：1.5～3 T と強い静磁場を発生させるための超伝導コイル装置
- RF 磁界コイル：数 10～数 100 MHz の RF 高周波磁場を発生させるための装置
- 傾斜磁界コイル：約 1 kHz の交流磁場により磁場勾配を発生させるための装置

なお，傾斜磁界コイルで磁場勾配をつけることで奥行きデータ（3 次元情報）を取得できる仕組みになっている。

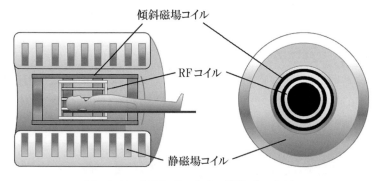

図 12-10　MRI ガントリの構造（コイル）

　MRI では正常組織と腫瘍とのコントラスト差が良好で，あらゆる角度の断面像を得ることができる。MRI は放射線被爆がないため，繰り返しの検査が可能である。一方，原理上，空気を多く含む組織（肺や腹部）の撮像は不向きである。また，検査時間が 30 分から 1 時間程度と長く，騒音が大きい。ガントリに身体をゆっくりと通して MRI 診断をするため，圧迫感も強い。強磁場を使用するため，身体や装置周囲に金属が無いように徹底した管理が必要となる。

## 演習問題

(1) 内部雑音を 3 つ挙げ，説明しなさい。

(2) SN 比とは何か説明しなさい。

(3) 雑音指数とは何か説明しなさい。

(4) 信号電力 $P_\mathrm{s} = 1\,\mathrm{W}$，雑音電力 $P_\mathrm{n} = 1\,\mathrm{mW}$ のとき，SN 比 [dB] を求めなさい。

(5) 信号電圧が $10\,\mathrm{mV}$，雑音電圧が $2.5\,\mathrm{mV}$ のとき SN 比 [dB] を求めなさい。ただし，$\log_{10} 2$ は 0.3 とする。

(6) 信号電力が $10\,\mathrm{mW}$，雑音電力が $5\,\mathrm{mW}$ のとき SN 比 [dB] を求めなさい。だだし，$\log_{10} 2$ は 0.3 とする。

(7) 問図 **12–1** の電力増幅率 G のアンプがある。アンプの入力および出力の信

号電力と雑音電力は図示の通りである。次の問いに答えなさい。
(1) 電力増幅率 G [dB] を求めなさい。
(2) 入力端および出力端での SN 比 [dB] を求めなさい。
(3) 雑音指数 F [dB] を求めなさい。

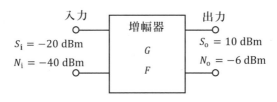

問図 12-1　増幅器

(8) 電圧利得 20 dB の増幅器がある．出力は入力電圧によらず 10 mV の雑音電圧が発生している。入力電圧 20 mV のときに増幅器の SN 比 [dB] を求めなさい。

(9) 増幅器 1（$F = 2.5$ dB，電力利得 $G = 12$ dB），および増幅器 2（$F = 10$ dB，電力利得 $G = 10$ dB）を用いて 2 段増幅器を構成するとき，以下の問いに答えなさい。
   (1) 1 段目を増幅器 1，2 段目を増幅器 2 とした 2 段増幅器の雑音指数 $F_0$ [dB] を求めなさい。
   (2) 1 段目を増幅器 2，2 段目を増幅器 1 とした 2 段増幅器の雑音指数 $F_0$ [dB] を求めなさい。

## 実習：*Let's active learning!*

(1) 自動車またはスマートフォンに搭載されているセンサについて挙げてみよう。

## 演習解答

(1) 12.1 参照

(2) 12.2 参照

(3) 12.2 参照

(4) $P_s/P_n = 10^3$ である。$\log_{10} 10^3 = 3 \log_{10} 10 = 3$ より，$SNR = 10 \log_{10} \dfrac{P_s}{P_n} = 10 \log_{10} 10^3 = 30\,\mathrm{dB}$，よって SN 比は 30 dB となる。

(5) $SNR = 20 \log_{10} \dfrac{10}{2.5} = 20 \log_{10} 4 = 20 \log_{10} 2^2 = 2 \times 40 \times 0.3 = 12\,\mathrm{dB}$

(6) $SNR = 10 \log_{10} \dfrac{10}{5} = 10 \log_{10} 2 = 10 \times 0.3 = 3\,\mathrm{dB}$

(7) (1) $G = S_o - S_i = 10 - (-20) = 30\,\mathrm{dB}$
  (2) $SNR_i = S_i - N_i = -20 - (-40) = 20\,\mathrm{dB}$
  $SNR_o = S_o - N_o = 10 - (-6) = 16\,\mathrm{dB}$
  (3) $F = SNR_i - SNR_o = 20 - 16 = 4\,\mathrm{dB}$

(8) 電圧利得 20 dB を実数であらわすと $20\,\mathrm{dB} = 10^{20/20} = 10$ である。題意より，信号電圧は電圧利得倍（10倍）されても，雑音は 10 mV 一定であるから SN 比 [dB] は

$$SNR = 20 \log_{10} \dfrac{V_s}{V_n} = 20 \log_{10} \dfrac{20 \times 10}{10} = 20 \log_{10} 20 = 26\,\mathrm{dB}$$

(9) (1) 各 dB 値を実数に変換する。

$$2.5\,\mathrm{dB} = 10^{2.5/10} = 1.78, \quad 10\,\mathrm{dB} = 10^{10/10} = 10,$$
$$12\,\mathrm{dB} = 10^{12/10} = 15.8$$

これより雑音指数 $F_0[\mathrm{dB}]$ は

$$10 \log_{10} F_0 = 10 \log_{10} \left( F_1 + \dfrac{F_2 - 1}{G_1} \right)$$
$$= 10 \log_{10} \left( 1.78 + \dfrac{10.0 - 1}{15.8} \right)$$

$$= 10\log_{10}(2.35) = 3.7 \text{ dB}$$

(2) 同様に,雑音指数 $F_0[\text{dB}]$ は

$$\begin{aligned} 10\log_{10} F_0 &= 10\log_{10}\left(F_1 + \frac{F_2 - 1}{G_1}\right) \\ &= 10\log_{10}\left(10 + \frac{1.78 - 1}{10}\right) \\ &= 10\log_{10}(10.08) = 10.0 \text{ dB} \end{aligned}$$

## 引用・参考文献

1) 南谷晴之,福田誠:基礎を学ぶ電気電子計測 [第 1 版],オーム社,2013.
2) 内視鏡の構造において下記ホームページを参照
   おなかの健康ドットコムホームページ:
   https://www.onaka-kenko.com/endoscope-closeup/endoscope-technology/et_01.html/ (2018)
   https://www.onaka-kenko.com/endoscope-closeup/endoscope-technology/et_08.html/ (2018)
3) 本多電子株式会社内 超音波医療診断装置とは?:
   https://www.honda-el.co.jp/hb/3_20.html/ (2018)
4) CT 適塾ホームページ内 医療用 CT の構成:
   https://www.ct-tekijyuku.net/basic/equipment/equipment001.html/ (2018)
5) MRI の構造において下記ホームページを参照
   恩賜財団 済生会宇都宮病院ホームページ内 MRI 検査について:
   http://www.saimiya.com/consult/technology-neo/rtc/t-mri.html/ (2018)
   リガルジョイントホームページ:
   http://www.rgl.co.jp/html/page36.html/ (2018)

# 索 引

## 【英数字】

1 次周波数標準器 -------------- 180
3 電圧計法 -------------------- 79
3 電流計法 -------------------- 80
AD 変換器 -------------------- 50
AI -------------------------- 4
BPF ------------------------ 193
BSF ------------------------ 193
CCD ------------------------ 196
C-M 形電力計 ---------------- 165
CT スキャン ----------------- 199
DA 変換器 ------------------- 52
DUT ------------------------ 168
GPS ------------------------- 3
HEMS ----------------------- 86
HPF ------------------------ 193
IoT -------------------------- 4
LCR メータ ----------------- 113
LPF ------------------------ 193
MDMS ---------------------- 87
MI 素子 -------------------- 135
MRI ------------------------ 201
MR 素子 -------------------- 133
NMR ------------------------ 200
PMT ------------------------ 178
Q メータ ------------------- 111
$Q$ 値 ---------------------- 111
SI -------------------------- 23
$SNR$ ---------------------- 190
SN 比 ---------------------- 190
S パラメータ ---------------- 162
UTC ------------------------ 181

## 【あ】

アクティブブリッジ ---------- 109
圧延方向 -------------------- 127
アナログオシロスコープ ------ 142
アラゴの円盤 ---------------- 83
アンチエイリアシング・フィルタ
---------------------------- 49
イマジナリーショート -------- 42
インスツルメンテーション・アンプ
---------------------------- 42
インピーダンス -------------- 101
ウィーンの変位則 ------------ 175
ウィーンブリッジ ------------ 107
渦電流 ---------------------- 124
エイリアシング -------------- 49
エコー ---------------------- 198

エプスタイン法 127
エリアターン 130
演算増幅器 39
オームの法則 26
オシロスコープ 141

## 【か】

回転磁界 131
外部雑音 189
開閉サージ 190
開ループ電圧利得 41
科学技術データ委員会 28
核磁気共鳴 200
拡張不確かさ 15
加算増幅器 43
傾き角 $\theta$ 131
カットオフ周波数 193
可動コイル形計器 63
可動鉄片形計器 67
雷サージ 190
カロリメータ 167
緩衝増幅器 44
間接測定 6
帰還率 43
基準電圧 50
記録計 151
クロス H-コイル 132

計装増幅器 45
計測 1
計測値 11
ケルビンダブルブリッジ 99
原器 23
減算増幅器 43
現示 23
原子泉方式のセシウム原子時計 180
合成標準不確かさ 15
光電管 178
光電子増倍管 178
交番磁界 131
交流ブリッジ 102
国際単位系 23
誤差 11

## 【さ】

サーミスタ 173
最確値 17
最小二乗法 17
探りコイル 120
雑音 47, 187
雑音指数 191
差動入力回路 40
サンプリング 47
サンプリング周波数 49

| | |
|---|---|
| サンプル&ホールド回路 ------- 51 | スプライン補間 ---------------- 19 |
| シールド --------------------- 194 | スペクトラムアナライザ ------ 152 |
| シェーリングブリッジ -------- 107 | スマートメーター ------------- 83 |
| 磁化曲線 --------------------- 122 | スミスチャート --------------- 163 |
| 磁気シールド ----------------- 195 | スルー・レート --------------- 41 |
| 軸比 α ----------------------- 131 | 正規化インピーダンス -------- 160 |
| 時系 ------------------------- 180 | 正規分布 --------------------- 14 |
| 磁束密度 --------------------- 120 | 静電形計器 ------------------- 70 |
| 遮断周波数 ------------------- 45 | 静電シールド ----------------- 195 |
| シャピロ・ステップ ----------- 27 | 整流形計器 ------------------- 68 |
| シャント抵抗 ----------------- 123 | 整流形電力計 ----------------- 165 |
| 周波数カウンタ --------------- 150 | ゼーベック効果 --------------- 173 |
| シュテファン・ボルツマンの法則 | 赤外線サーモグラフィ -------- 173 |
| ----------------------------- 176 | 赤外放射温度計 --------------- 177 |
| 受動素子 --------------------- 40 | 積分増幅器 ------------------- 44 |
| 消磁 ------------------------- 122 | 絶縁抵抗計 ------------------- 100 |
| 初期磁化曲線 ----------------- 122 | センサ ----------------------- 195 |
| ジョセフソン効果 ------------- 26 | 測温抵抗体 ------------------- 173 |
| ジョセフソン素子 ------------- 27 | 測定 ------------------------- 1 |
| ショット雑音 ----------------- 189 | |
| ジルコニア式酸素濃度計 ------ 183 | 【た】 |
| 信号発生器 ------------------- 148 | 置換法 ----------------------- 7 |
| 真の値 ----------------------- 11 | 逐次比較型 ------------------- 51 |
| 真の実効値 ------------------- 72 | 直接測定 --------------------- 6 |
| 信頼区間 --------------------- 16 | 直列インダクタンスブリッジ-- 105 |
| 数値積分 --------------------- 126 | 定義 ------------------------- 23 |
| 数値の丸め ------------------- 16 | 抵抗計 ----------------------- 94 |

抵抗量子標準 ------------------ 29
定在波比 -------------------- 161
定在波比計 ------------------ 164
ディジタル・マルチメータ ----- 91
ディジタルオシロスコープ ---- 143
低周波発振器 ---------------- 148
定電流回路 ------------------- 45
データロガー ---------------- 152
テスタ ----------------------- 72
鉄心 ------------------------ 127
電圧加算型 R-2R ラダー回路 --- 53
電圧降下法 ------------------- 92
電圧比較器 ------------------- 50
電圧プローブ ---------------- 145
電圧量子標準 ----------------- 28
電源雑音 -------------------- 190
電磁鋼板 -------------------- 127
電磁シールド ---------------- 195
電子式位相計 ---------------- 147
電子式電力量計 --------------- 83
電波時計 -------------------- 182
伝搬定数 -------------------- 158
電流天秤 --------------------- 26
電流プローブ ---------------- 145
電流力計形計器 --------------- 69
透磁率 ---------------------- 120
同相信号除去比 --------------- 41

特性インピーダンス ---------- 158
トレーサビリティ ------------- 32

【な】

ナイキストの標本化定理 ------- 48
内視鏡 ---------------------- 196
内部雑音 -------------------- 188
二次元ベクトル磁気特性 ------ 130
二重重ね接合 ---------------- 128
入力オフセット電圧 ----------- 41
入力抵抗 --------------------- 41
熱雑音 ---------------------- 188
熱電形計器 ------------------- 69
熱電対 ---------------------- 173
ネットワークアナライザ ------ 168
能動素子 --------------------- 39

【は】

倍率器 ----------------------- 66
パイロメーター -------------- 176
白金測温抵抗体 -------------- 174
白金抵抗温度計 -------------- 174
反射係数 -------------------- 160
反転増幅器 ------------------- 42
光格子時計 ------------------ 180
ヒステリシス特性 ------------ 122
比透磁率 -------------------- 122

| | | | |
|---|---|---|---|
| 非反転増幅器 | 42 | 分流器 | 66 |
| 微分増幅器 | 44 | ヘイブリッジ | 106 |
| 標準 | 23 | 並列比較型 | 50 |
| 標準抵抗（器） | 26 | 並列容量ブリッジ | 106 |
| 標準電池 | 26 | ヘビサイドブリッジ | 109 |
| 標準不確かさ | 15 | 偏位法 | 7 |
| 標準偏差 | 13 | 変成器ブリッジ | 108 |
| 標本 | 13 | ホイートストンブリッジ | 7, 95 |
| 標本化 | 47 | 包含係数 | 16 |
| 標本化間隔 | 49 | 方向性電磁鋼板 | 127 |
| 標本標準偏差 | 13 | 放射温度計 | 173 |
| 標本分散 | 13 | 飽和磁束密度 | 122 |
| 標本平均 | 13 | フォトマル | 178 |
| ファンクションジェネレータ | 149 | ホール係数 | 121 |
| フィードバック制御 | 126 | ホール素子 | 119 |
| フィルタ | 193 | ホール電圧 | 121 |
| 負荷効果 | 92 | 補間法 | 17 |
| 符号化 | 47 | 母集団 | 13 |
| 不確かさ | 13 | 補償コイル | 129 |
| プランクの法則 | 175 | 補償法 | 7 |
| フリッカ雑音 | 189 | 保磁力 | 122 |
| フルスケール | 49 | ホトマル | 178 |
| プローブ | 144 | 母標準偏差 | 13 |
| ブロンデルの定理 | 81 | 母分散 | 14 |
| 分解能 | 52 | 母平均 | 13 |
| 分配雑音 | 189 | ボルテージ・フォロア | 44 |
| 分布定数線路 | 158 | ボロメータ | 166 |

## 【ま】

マイクロ波 ------------------ 157
マクスウェルブリッジ -------- 105
無効電力 -------------------- 78
無方向性電磁鋼板 ------------ 127

## 【や】

有効磁路長 ------------------ 123
有効数字 -------------------- 16
有効電力 -------------------- 78
誘導形電力量計 -------------- 83
四端子法 -------------------- 98

## 【ら】

ラーモア周波数 -------------- 200
ラグランジェ補間 ------------ 18
力率 ------------------------ 78
リサジュー図 ---------------- 146
理想演算増幅器 -------------- 41
量子化 ---------------------- 47
量子化誤差 ------------------ 49
量子化雑音 ------------------ 49
量子化ビット数 -------------- 49
量子標準 -------------------- 26
量子ホール効果 -------------- 26
零位法 ---------------------- 7
励磁周波数 ------------------ 123
励磁電圧 -------------------- 123
励磁電流法 ------------------ 124
ローパス・フィルタ ---------- 44
ロジックアナライザ ---------- 152

著者略歴

金澤　誠司（かなざわ　せいじ）（1章，2章，3章，5章，6章，11章）
 1985年　熊本大学工学部電子工学科卒業
 1987年　熊本大学大学院工学研究科電子工学専攻修士課程修了
 1990年　熊本大学大学院自然科学研究科生産科学専攻博士課程修了　学術博士
 1990年　大分大学助手（工学部電気工学科）
 2013年　大分大学教授（理工学部創生工学科電気電子コース）
 　　　　現在に至る

岡　茂八郎（おか　もはちろう）（4章，8章）
 1976年　大分大学工学部電気工学科卒業
 1980年　鹿児島大学大学院工学研究科電子工学専攻修士課程修了
 1992年　大分工業高等専門学校講師（制御情報工学科）
 1999年　大分大学大学院工学研究科物質生産工学博士後期課程修了　博士（工学）
 2001年　大分工業高等専門学校教授（制御情報工学科）
 2016年　大分工業高等専門学校名誉教授
 　　　　現在に至る

佐藤　拓（さとう　たく）（7章，9章，10章，12章）
 2001年　岩手大学工学部電気電子工学科卒業
 2003年　東北大学大学院工学研究科修士課程修了（電気・通信工学専攻）
 2007年　東北大学大学院工学研究科博士課程修了（電気・通信工学専攻）工学博士
 2008年　宮城工業高等専門学校助教（電気工学科）
 2009年　仙台高等専門学校助教（電気システム工学科）
 2016年　仙台高等専門学校准教授（電気システム工学科）
 2017年　仙台高等専門学校准教授（総合工学科）
 　　　　現在に至る

**MEMO**

実践的技術者のための電気電子系教科書シリーズ
電気電子計測

2019年4月19日 初版第1刷発行

検印省略

著　者　金　澤　誠　司
　　　　岡　　　茂八郎
　　　　佐　藤　　　拓
発行者　柴　山　斐呂子

発行所　理工図書株式会社

〒102-0082　東京都千代田区一番町27-2
電話03（3230）0221（代表）
FAX03（3262）8247
振替口座　00180-3-36087番
http://www.rikohtosho.co.jp

© 金澤　誠司　2019　　　　Printed in Japan　ISBN978-4-8446-0885-1
印刷・製本　藤原印刷株式会社

〈日本複製権センター委託出版物〉
＊本書を無断で複写複製（コピー）することは、著作権法上の例外を除き、禁じられています。本書をコピーされる場合は、事前に日本複製権センター（電話：03-3401-2382）の許諾を受けてください。
＊本書のコピー、スキャン、デジタル化等の無断複製は著作権法上の例外を除き禁じられています。本書を代行業者等の第三者に依頼してスキャンやデジタル化することは、たとえ個人や家庭内の利用でも著作権法違反です。

★自然科学書協会会員★工学書協会会員★土木・建築書協会会員